Suharshi Gupta

INFECÇÃO NOSOCOMIAL

Suharshi Gupta

INFECÇÃO NOSOCOMIAL

Causa, Prevenção e Controlo

ScienciaScripts

Imprint

Any brand names and product names mentioned in this book are subject to trademark, brand or patent protection and are trademarks or registered trademarks of their respective holders. The use of brand names, product names, common names, trade names, product descriptions etc. even without a particular marking in this work is in no way to be construed to mean that such names may be regarded as unrestricted in respect of trademark and brand protection legislation and could thus be used by anyone.

Cover image: www.ingimage.com

This book is a translation from the original published under ISBN 978-620-4-20406-2.

Publisher:
Sciencia Scripts
is a trademark of
Dodo Books Indian Ocean Ltd., member of the OmniScriptum S.R.L Publishing group
str. A.Russo 15, of. 61, Chisinau-2068, Republic of Moldova Europe
Printed at: see last page
ISBN: 978-620-4-08256-1

Tabela de Conteúdos

INTRODUÇÃO 5

CAPÍTULO: 1 10

CAPÍTULO: 2 29

CAPÍTULO: 3 46

CAPÍTULO: 4 56

CAPÍTULO: 5 61

CAPÍTULO: 6 81

CAPÍTULO: 7 97

CAPÍTULO: 8 103

CAPÍTULO: 9 112

CAPÍTULO: 10 120

CAPÍTULO: 11 127

CAPÍTULO: 12 145

Referências..150

Epígrafe

"Este livro é uma visão geral sobre diferentes aspectos das infecções nosocomiais, particularmente: tipos de infecções nosocomiais; locais de infecções nosocomiais, agentes bacterianos nosocomiais comuns, patógenos selecionados resistentes a antibióticos, juntamente com seus modos de transmissão e medidas de controle são discutidos. Foi feita uma tentativa honesta de manter os tópicos e as questões simples e compreensíveis".

Isenção de responsabilidade

Este livro compilou informações e fatos sobre infecções adquiridas em hospitais, também conhecidas como "Infecções Nosocomiais". Ele pode ser lido como uma visão geral sobre diferentes aspectos das infecções nosocomiais, seus tipos e locais, patógenos, agentes, modos de transmissão e medidas de controle. O objetivo de escrever este livro é identificar as principais questões envolvidas e não fornecer cronogramas técnicos detalhados ou realização de testes individuais, nem sugerir ou prescrever qualquer medicação ou tratamento médico para qualquer tipo de infecção ou doença.

Agradecimentos

"Sou muito grata aos meus professores, especialmente à Dra. Bella Mahajan, ao Dr. Shashi Sudan Sharma e ao Dr. Ashok Gupta, que sempre foram encorajadores e me apoiam tanto no meu trabalho e nos meus interesses.

Escrever este livro provou ser uma grande experiência de aprendizagem e recompensa para mim. Agora sinto-me mais composto e melhor informado. Este processo está me tirando um profissional melhor de dentro de mim. Este livro já consumiu quase dez meses da minha vida e vale a pena. Não teria sido possível sem o apoio incessante da minha família.

Mais uma vez, ao meu querido marido, meus pais, minha filha e meus sogros, obrigado por me empurrar sempre e me deixar explorar a mim mesmo. Muito obrigada."

INTRODUÇÃO

O termo "nosocomial" é usado para qualquer doença adquirida pelo paciente sob cuidados médicos. É uma infecção adquirida pelo paciente durante a internação hospitalar. Um novo termo, "infecções associadas aos cuidados de saúde" também é usado para o tipo de infecções causadas por hospitalização prolongada e representa um factor de risco importante para problemas de saúde graves. Uma infecção adquirida no hospital pode ser definida como "qualquer doença microbiológica clinicamente reconhecível que afecte o paciente como consequência da sua admissão no hospital ou do seu tratamento, ou o pessoal hospitalar como consequência do seu trabalho, quer os sintomas da doença apareçam ou não enquanto a pessoa afectada está no hospital". Também se refere a uma infecção que ocorre num paciente num hospital ou outra instituição de saúde em que a infecção não estava presente ou incubada no momento da admissão. As infecções nosocomiais incluem aquelas adquiridas no hospital mas que aparecem após a alta e também infecções ocupacionais entre o pessoal do estabelecimento. Os pacientes assintomáticos também podem ser considerados infectados se esses patógenos forem encontrados nos fluidos corporais ou em um local estéril do corpo, como sangue ou líquido cefalorraquidiano. As situações em que as infecções não são consideradas como nosocomiais são: As infecções que estavam presentes no momento da admissão e se tornam complicadas, no entanto, os patógenos ou sintomas mudam resultando em uma nova infecção; As infecções que são adquiridas transplacentalmente devido a algumas doenças como toxoplasmose, rubéola, sífilis ou citomegalovírus e aparecem 48 horas após o nascimento.

O atendimento aos pacientes é prestado em instalações que vão desde clínicas altamente equipadas e hospitais universitários tecnologicamente avançados até unidades de linha de frente com apenas instalações básicas. Apesar dos progressos na saúde pública e nos cuidados hospitalares, as infecções continuam a desenvolver-se nos pacientes hospitalizados, podendo também afectar o pessoal hospitalar. Muitos fatores promovem a infecção entre os pacientes hospitalizados: a diminuição da imunidade entre os pacientes; a crescente variedade de procedimentos médicos e técnicas invasivas criando potenciais rotas de infecção; e a transmissão de bactérias resistentes a drogas entre populações hospitalares lotadas, onde práticas deficientes de controle de infecção podem facilitar a transmissão. A prevenção de tal infecção hospitalar depende dos esforços contínuos e concertados de todos aqueles que concebem, administram e trabalham em hospitais.

Os microbiólogos, cuja formação e experiência deveria tê-los familiarizado com as causas das doenças transmissíveis e as fontes e vias de transmissão dos microrganismos patogénicos, deveriam desempenhar um papel de liderança nestas actividades. O seu papel tradicional nos hospitais tem sido o de examinar espécimes de pacientes individuais com o propósito de identificar a causa microbiana das doenças e de dar conselhos sobre quimioterapia apropriada à luz das suas descobertas. Para funcionarem eficazmente no campo da prevenção, contudo, as suas actividades devem ser alargadas em várias direcções. Eles devem acumular informações do trabalho diagnóstico de rotina e de outras fontes sobre a freqüência da infecção clínica e a importância atual dos patógenos individuais e sua sensibilidade aos agentes antimicrobianos. Devem se engajar em investigações sobre as fontes e rotas de propagação das infecções prevalecentes no hospital, quer estas façam ou não parte de surtos claramente definidos. Eles devem agir prontamente para investigar as suspeitas de surtos e estar preparados para dar conselhos sobre medidas de controle apropriadas. Devem assumir um papel de liderança no planeamento do programa de controlo de infecções do hospital, educando todos os graus de pessoal em procedimentos de higiene correctos e monitorizando o seu desempenho.

Natureza do problema:

Uma infecção adquirida no hospital pode ser causada por microorganismos adquiridos de outra pessoa no hospital, adquiridos de um objecto ou substância inanimada que não tenha sido recentemente contaminada de uma fonte humana ou transportada pelo paciente antes do aparecimento da doença adquirida no hospital, caracterizada por inflamação aguda local, com ou sem a presença de pus, e inclui infecções de feridas e das vias respiratórias e urinárias; a infecção pode se tornar generalizada e lesões sépticas metastáticas podem aparecer em outras partes do corpo; menos frequentemente, a septicemia ou uma lesão metastática pode aparecer sem uma lesão séptica inicial no ponto de entrada do micróbio; doença diarréica, e febres infecciosas "convencionais", como sarampo ou gripe. O padrão de infecção adquirida no hospital depende de uma série de fatores na estrutura, organização e atividades do hospital. A população hospitalar geralmente compartilha um suprimento comum de água e alimentos, e os membros desta população se aproximam muito uns dos outros. Assim, surtos de doenças entéricas, diarréicas e transmitidas por alimentos, uma variedade de infecções respiratórias e febres infecciosas da infância podem ocorrer de tempos em tempos. As consequências destas doenças podem ser mais graves para algumas categorias de pacientes hospitalares do que para as pessoas saudáveis.

Factores Hospitalares

A situação de um hospital difere da de outros tipos de instituição de várias maneiras. A maioria das infecções adquiridas no hospital são causadas por micróbios que estão normalmente presentes na população em geral, nos quais causam doenças com menos frequência e geralmente de forma mais suave do que nos pacientes hospitalares. Assim, o contato com o microrganismo raramente é a principal circunstância que determina o aparecimento da doença clínica. Várias combinações de quatro fatores principais influenciam a freqüência e a natureza das infecções.

Baixa resistência dos pacientes à infecção

Muitos pacientes hospitalares têm diminuído a resistência à infecção devido à doença pré-existente pela qual foram hospitalizados, ao tratamento médico ou cirúrgico que lhes foi dado no hospital ou à sua idade.

a) A resistência geral à infecção pode ser reduzida pela doença subjacente ou pelo tratamento ou irradiação de medicamentos, ou pode ser naturalmente baixa, como nos recém-nascidos. Quando este é o caso, microrganismos da superfície do corpo podem invadir os tecidos.

b) Os mecanismos naturais de defesa da superfície corporal podem ser passados por lesões na pele ou nas membranas mucosas, quer sofridas antes da admissão ou infligidas no hospital, quer objectos ou substâncias contaminadas por micróbios podem ser introduzidas directamente nos tecidos ou em áreas normalmente estéreis como o tracto urinário e o tracto respiratório inferior (por exemplo, cateteres internos, tubos de traqueotomia).

Contacto com pessoas infecciosas

Os hospitais tanto acumulam como geram pessoas infecciosas.

a) Os pacientes que sofrem de doenças infecciosas e portadores de micróbios patogênicos são enviados ao hospital para tratamento ou isolamento, e são fontes potenciais de infecção para outros.

b) Os pacientes que foram infectados no hospital constituem uma importante fonte adicional de infecção. Os hospitais são tão organizados que os pacientes com um tipo uniforme de aumento da susceptibilidade à infecção tendem a concentrar-se na mesma área, por exemplo, recém-nascidos, pacientes queimados, pacientes com doenças urológicas. Os procedimentos de enfermagem para estes grupos tendem a ser padronizados e repetitivos, e há numerosas oportunidades para a propagação de micróbios de um paciente infectado para outros por contato direto.

Sítios ambientais contaminados

Certos objetos e materiais muitas vezes ficam contaminados com micróbios, que podem ser posteriormente transferidos para locais do corpo suscetíveis em pacientes.

a) Os cocos Gram-positivos são encontrados no ar, no pó e nas superfícies. Os membros patogénicos deste grupo são de origem humana; podem sobreviver durante vários dias em situações secas, mas não se multiplicam. As evidências epidemiológicas sugerem que a maioria das infecções derivadas destas fontes são causadas por organismos que as contaminaram bastante recentemente. Esses locais podem, portanto, ser vistos como reservatórios temporários, e a infecção por eles é, na realidade, uma infecção cruzada.

b) Os anaeróbios esportivos Gram-positivos podem ser introduzidos no hospital pelo ar ou em objetos não esterilizados, ou podem ser liberados no ambiente hospitalar a partir de fezes secas ou exsudato de feridas. Os seus esporos podem sobreviver por longos períodos de tempo em situações secas. No entanto, na gangrena gasosa após operações cirúrgicas "limpas" a infecção raramente vem de fontes ambientais estranhas e muito mais comumente da flora corporal do paciente; o tétano pós-operatório, por outro lado, parece surgir principalmente de materiais contaminados fora do hospital e inadequadamente esterilizados antes de serem colocados em contato com o paciente.

c) Os bacilos aeróbicos gram-negativos são comuns em situações úmidas e em fluidos, onde muitas vezes sobrevivem por períodos muito longos de tempo. Muitos deles têm a capacidade adicional de se multiplicarem nestes locais na presença de nutrientes mínimos.

Assim, os microorganismos encontrados no ambiente incluem alguns derivados da flora corporal da população hospitalar (por exemplo, estafilococos e estreptococos) e outros que parecem ser independentes da contaminação recente pelo homem. Estas fontes "independentes" de infecção ambiental são provavelmente responsáveis pela maior parte do tétano adquirido no hospital e por uma proporção considerável de sepse devido aos bacilos Gram-negativos.

Resistência a drogas de micróbios endémicos

Uma grande proporção dos pacientes hospitalares recebe medicamentos antimicrobianos; microrganismos da flora corporal normal que são sensíveis ao medicamento administrado tendem a ser suprimidos, e estirpes resistentes são selecionadas e tornam-se endemicamente estabelecidas na população hospitalar.

CAPÍTULO: 1
Epidemiologia das Infecções Nosocomiais

Estudos em todo o mundo documentam que as infecções nosocomiais são uma das principais causas de morbidade e mortalidade. Uma alta frequência de infecções nosocomiais é prova de uma má qualidade na prestação de serviços de saúde, e leva a custos evitáveis. Muitos fatores contribuem para a freqüência das infecções nosocomiais: os pacientes hospitalizados são frequentemente imunodeprimidos, passam por exames e tratamentos invasivos, e as práticas de atendimento ao paciente e o ambiente hospitalar podem facilitar a transmissão de microorganismos entre os pacientes. A pressão seletiva do uso intenso de antibióticos promove a resistência aos antibióticos. Embora tenham sido feitos progressos na prevenção de infecções nosocomiais, as mudanças na prática médica apresentam continuamente novas oportunidades para o desenvolvimento da infecção.

Descobriu-se que as infecções nosocomiais ou adquiridas no hospital são problemas recorrentes, identificados principalmente em instalações de cuidados intensivos, cirúrgicos e enfermarias médicas. Nos Estados Unidos da América (EUA), o centro de controle e prevenção de doenças calculou aproximadamente 1,7 milhões de infecções nosocomiais de todos os tipos de microorganismos, resultando em 99.000 mortes anuais. Mais recentemente, as infecções associadas aos cuidados de saúde diminuíram para infecções do fluxo sanguíneo associado à linha central, infecções do local cirúrgico e infecção por Staphylococcus aureus resistente à meticilina (MRSA), mas o progresso tem sido lento. Foi relatado que 1360 infecções pediátricas do trato urinário nosocomial foram identificadas a partir de um total de 26.603 admissões durante uma revisão retrospectiva de cinco anos do gráfico em um hospital rural de Trinidad e Tobago.

Dados da zona rural de Trinidad e Tobago (1992-95)

Tipo de Infecção Nosocomial	Tarifas (%)
Infecções do tracto urinário	**42.0**
Infecções pós-operatórias de feridas	**26.8**
Pneumonias nosocomiais	**13.2**
Infecções da corrente sanguínea	**8.0**
Outros	**10.0**

Classificação e Definições:

(Com base em locais específicos de infecção e factores de risco envolvidos)

As infecções nosocomiais também podem ser consideradas *endémicas ou epidémicas*. As infecções endémicas são mais comuns. As infecções epidémicas ocorrem durante os surtos, definidos como um aumento incomum acima da linha de base de uma infecção específica ou organismo infectante.

As mudanças na prestação de cuidados de saúde resultaram em menor tempo de internação e maior assistência ambulatorial. Tem sido sugerido que o termo infecções nosocomiais deve abranger as infecções que ocorrem em pacientes que recebem tratamento em qualquer ambiente de cuidados de saúde. Infecções adquiridas pelo pessoal ou visitantes do hospital ou outro ambiente de saúde também podem ser consideradas infecções nosocomiais. Definições ou classificações para identificar infecções nosocomiais são desenvolvidas para locais específicos de infecção (por exemplo, urinária, pulmonar), e são usadas para a vigilância de infecções nosocomiais. Elas são baseadas em critérios clínicos e biológicos, e incluem aproximadamente 50 locais potenciais de infecção:

Infecções do tracto urinário (IU):

A infecção do tracto urinário (IU) refere-se a uma infecção que afecta a bexiga, uretra, ureteres ou rins. As infecções urinárias estão associadas a menos morbilidade do que outras infecções nosocomiais, mas podem ocasionalmente levar à bacteremia e à morte. As infecções são geralmente definidas por critérios microbiológicos: cultura de urina quantitativa positiva. As bactérias responsáveis surgem da flora intestinal, seja normal ou adquirida no hospital. As bactérias Gram-negativas oportunistas, incluindo Klebsiella pneumoniae, são uma causa proeminente de infecções urinárias nosocomiais em indivíduos com cateteres urinários residentes. A inserção do cateter espalha as bactérias para a bexiga normalmente estéril, e pensa-se que a presença de um cateter residente se torna um local de fixação bacteriana e facilita a colonização a longo prazo. Esta é a infecção nosocomial mais comum; 80% das infecções estão associadas ao uso de um cateter residente na bexiga. A inserção destes dispositivos torna-se um local de formação de biofilme e a descida regula algumas das defesas imunitárias naturais do hospedeiro. A incidência de IU associadas a cateteres é a mais alta e os patógenos mais frequentemente isolados são Escherichia coli, seguida por Enterococcus spp e Pseudomonas aeruginosa; com E. coli apresentando altas taxas de resistência. Assim, as IU associadas a cateteres têm maior incidência de patógenos com resistências a antibióticos e patógenos não comuns. As IUAssociadas a cateteres (CAUTI) são as mais prevalentes de todas as IUs adquiridas em hospitais. O principal fator de risco de uma CAUTI é a cateterização desnecessária. A duração da cateterização e o local onde o cateter foi inserido no hospital, assim como o sexo (feminino) e outras comorbidades (diabetes), também podem aumentar o risco de um paciente adquirir uma CAUTI durante a sua internação hospitalar. Para que um CAUTI ocorra, os microorganismos precisam entrar no sistema do cateter tanto extraluminalmente (contaminação do cateter no momento da inserção por microflora e outros organismos da região perineal) quanto intraluminalmente (contaminação causada pela manipulação do cateter ou pelo sistema de drenagem após a inserção). Os sintomas de uma infecção do tracto urinário podem incluir sintomas localizados, tais como disúria, frequência, dor suprapúbica, hematúria grosseira, sensibilidade do ângulo costovertebral ou urgência nova ou agravada ou incontinência urinária, ou sintomas sistémicos tais como febre, rigidez ou delírio.

Fatores de risco para UTI/ CAUTI:

- Sexo (Feminino); aumento da idade; diminuição da imunidade; Diabetes mellitus.

- Cateterização prolongada; Desconexão do sistema de drenagem; Formação profissional inferior do insertor; Colocação do cateter fora da sala de operações.

Infecções do local da cirurgia

A infecção do local da cirurgia refere-se a uma infecção que ocorre na região do corpo onde foi realizada a cirurgia anterior. pode ou não estar associada a um dispositivo residente, como um dreno cirúrgico. As infecções do local cirúrgico são frequentes: a incidência varia de 0,5 a 15%. Estes são problemas tão significativos que limitam os benefícios potenciais das intervenções cirúrgicas. As infecções do local cirúrgico podem causar desconforto significativo para os pacientes, uma vez que estes podem sentir drenagem de pus ou líquido de cheiro desagradável da ferida, bem como calor localizado, inchaço, vermelhidão, dor e sensibilidade ao toque, bem como sintomas sistémicos de febres, suores e calafrios, náuseas e vómitos, bem como confusão. As infecções do local da cirurgia também prolongam o tempo de permanência. Um paciente com uma infecção do local cirúrgico pode precisar de tratamento antimicrobiano adicional, ou pode necessitar de cirurgia adicional, particularmente se os enxertos ou implantes tiverem sido comprometidos, ou pode precisar de ser readmitido no hospital, o que envolve uma carga física e emocional considerável para o paciente. Além disso, há também um risco maior de mortalidade associada a infecções do sítio cirúrgico, particularmente entre pacientes idosos.

Fatores de risco para infecções no local da cirurgia:

- Infecção existente; Baixa albumina sérica; Idade crescente; Obesidade; Desnutrição; Imunossupressão; Diabetes mellitus; Consumo excessivo de álcool; Uso de drogas intravenosas; Doença hepática crónica; Insuficiência renal crónica; Isquemia secundária a doença vascular ou radiação.

- Local da ferida e classe da ferida; Presença de drenos; Extensão da ferida; Cirurgia prolongada; Interferência com a ferida ou curativo intra ou pós-operatório; Utilização inadequada de profilaxia antimicrobiana.

Pneumonia

A pneumonia nosocomial ocorre em vários grupos diferentes de pacientes, especialmente em pacientes em ventiladores em unidades de terapia intensiva, onde a taxa de pneumonia é de até 3% por dia. Há uma alta taxa de casos fatais associados à pneumonia associada à ventilação mecânica (PAV), embora o risco seja difícil de determinar porque a co-morbidade do paciente é tão alta. Os microorganismos colonizam o estômago, vias aéreas superiores e brônquios, e causam infecção nos pulmões (pneumonia): muitas vezes são endógenos (sistema digestivo ou nariz e garganta), mas podem ser exógenos, muitas vezes a partir de equipamentos respiratórios contaminados. A definição de pneumonia pode ser baseada em critérios clínicos e radiológicos facilmente disponíveis mas não específicos: opacidades radiológicas recentes e progressivas do parênquima pulmonar, expectoração purulenta e início recente da febre. O diagnóstico é mais específico quando se obtêm amostras microbiológicas quantitativas através de métodos de broncoscopia especializada e protegida. Os fatores de risco conhecidos para infecção incluem o tipo e a duração da ventilação, a qualidade dos cuidados respiratórios, a gravidade do estado do paciente (falência de órgãos) e o uso prévio de antibióticos.

Além da pneumonia associada à ventilação mecânica, os pacientes com convulsões ou diminuição do nível de consciência estão em risco de infecção nosocomial, mesmo que não estejam entubados. A bronquiolite viral (vírus sincicial respiratório, RSV) é comum em unidades infantis e a gripe e a pneumonia bacteriana secundária podem ocorrer em instituições para idosos. A pneumonia pode causar angústia significativa para os pacientes, uma vez que estes podem sentir tosse produzindo catarro que pode ser estriado com sangue, respiração laborativa, dor no peito, aumento da frequência cardíaca, bem como sintomas sistêmicos de febres, suores e calafrios, fadiga, anorexia, náuseas e confusão. Embora a pneumonia adquirida no hospital apresente frequentemente sintomas genéricos, está associada a uma elevada taxa de mortalidade.

Fatores de risco para pneumonia ou PAV:

- Severidade da doença subjacente; Presença de co-morbidades múltiplas; Idade crescente; DPOC; Multi-trauma; Mau estado geral;

Diabetes; Doenças malignas; Imunossupressão; Tabagismo; Colonização da orofaringe com organismos patogénicos.

- Ventilação mecânica por >48 horas; Internação em UTI; Duração da internação ou internação na UTI.

- Posicionamento supino; Queimaduras extensas; Ventilação mecânica; Cirurgia cardiotorácica; Síndrome do desconforto respiratório das vias aéreas; Traumatismo craniano.

- Tubos nasogástricos e condensado na tubulação do ventilador; medicamentos antiácidos, como antiácidos e bloqueadores de H2, empregados para prevenir o sangramento de úlceras de estresse em pacientes ventilados.

Infecções da corrente sanguínea

A infecção da corrente sanguínea nosocomial (ICS) refere-se à presença de patógenos vivos no sangue, causando uma infecção. É o principal obstáculo infeccioso entre os pacientes gravemente doentes. Em um estudo realizado em 17 países da Europa Ocidental representou cerca de 12%, e foi um dos tipos mais frequentes de infecção na UTI relatada. A BSI adquirida na UTI está associada a uma morbidade e mortalidade significativas. As infecções hospitalares podem prolongar o tempo de hospitalização. Podem causar angústia significativa aos pacientes, pois podem apresentar aumento da frequência cardíaca, palpitações, febres e calafrios, tontura, hipotensão postural, fraqueza extrema e letargia, erupção cutânea, alteração do estado mental com foco prejudicado e agitação. As infecções da corrente sanguínea podem ser uma infecção secundária como resultado de ter um CAUTI, infecção do local cirúrgico ou pneumonia.

As prevenções de infecção na UTI incluem lavagem do corpo com clorexidina, feixes de linha central e intervenções de higiene das mãos. A BSI ocorreu em 85% dos pacientes fechados. As espécies Enterococcus (14%) e Klebsiella (14%) foram os organismos mais comuns, e os pacientes com ICS tinham escores de co-morbidade mais elevados e tinham maior probabilidade de serem machos, criticamente doentes, imunossuprimidos e tinham um cateter venoso central no local. Tem sido relatado que certos procedimentos cirúrgicos ou médicos podem aumentar a probabilidade de incidência de ICS. Entre os casos, a maior porcentagem de ICS é associada à linha central, e Staphylococcus aureus é o patógeno mais comum.

Fatores de risco para Infecções da corrente sanguínea:

- Imunossupressão; Idade crescente; Diabetes mellitus; Debilidade; Hipoproteinemia incluindo hipoalbuminaemia; Insuficiência renal crónica, em particular hemodiálise; Doença hepática crónica.

- Procedimentos cirúrgicos; Dispositivos de internamento, tais como dispositivos vasculares e cateteres urinários.

Linha central e linha periférica associada à infecção da corrente sanguínea

A infecção da linha central e da linha periférica associada à corrente sanguínea refere-se a uma infecção da corrente sanguínea causada pela introdução de agentes patogénicos na corrente sanguínea através de uma linha central ou periférica. As infecções da corrente sanguínea associadas a dispositivos intravasculares podem causar angústia significativa aos pacientes, uma vez que podem apresentar aumento da frequência cardíaca, palpitações, febres e arrepios, tonturas, hipotensão postural, fraqueza extrema e letargia, erupção cutânea, alteração do estado mental com foco prejudicado e agitação. Podem também sentir sensibilidade, vermelhidão, inchaço e calor no local de inserção.

Fatores de risco para infecções por CL:

- Pesada colonização microbiana do local de inserção que contamina o cateter durante a inserção e migra ao longo do rasto cutâneo do cateter.

- Colonização prolongada antes da inserção do dispositivo intravascular; Colonização prolongada do dispositivo; Colonização microbiana pesada do local de inserção que contamina o cateter durante a inserção e migra ao longo da via cutânea do cateter; Colonização microbiana pesada da cânula/cubo do cateter, geralmente secundária à contaminação das mãos dos profissionais de saúde durante intervenções de cuidados como injeções; Uso de antibióticos durante a cateterização.

Organismos Multi-Resistentes (Bacteriemia):

Organismo multi-resistente (MRO) refere-se a bactérias que são resistentes a uma ou mais classes de agentes antimicrobianos e geralmente são resistentes a todos os agentes antimicrobianos disponíveis comercialmente, excepto um ou dois. Os doentes enfrentam desafios relacionados com a incapacidade de responder aos antibióticos de rotina, causando regimes terapêuticos prolongados e o uso de antimicrobianos com perfis de efeitos secundários potencialmente problemáticos. Estas infecções representam uma pequena proporção das infecções nosocomiais (aproximadamente 5%), mas as taxas de mortalidade são elevadas, mais de 50% para alguns microrganismos. A infecção pode ocorrer no local de entrada da pele do dispositivo intravascular, ou no trajeto subcutâneo do cateter (infecção do túnel). Os organismos que colonizam o cateter dentro do vaso podem produzir acteraemia sem infecção externa visível. A flora cutânea residente ou transitória é a fonte da infecção. Os principais fatores de risco são a duração da cateterização, o nível de assepsia na inserção e a continuidade dos cuidados com o cateter.

Fatores de risco de MRO:

- Aumento da idade; Co-morbidades.
- Internação hospitalar prolongada; internação em unidade de terapia intensiva (UTI) prolongada; Exposição aos pacientes afetados ou ao seu entorno.

Infecções associadas a próteses e dispositivos implantáveis

Infecções associadas a próteses e dispositivos implantáveis referem-se a infecções que são complicações relacionadas com a inserção e cuidado de dispositivos médicos, tais como shunts, implantes cocleares, marcapassos e bombas de insulina. As infecções associadas a próteses e dispositivos implantáveis podem causar sintomas locais de dor, inchaço, sensibilidade ao toque e vermelhidão, bem como sintomas sistêmicos de febres, suores e calafrios, palpitações, tontura, hipotensão postural, diminuição do débito urinário, fraqueza extrema e letargia, erupção cutânea e alteração do estado mental com foco prejudicado, confusão e agitação.

Fatores de risco:

Para infecções em dispositivos cardíacos: Diabetes mellitus; doença cardíaca subjacente; Uso de mais de um eletrodo; Segundo procedimento precoce.

Para infecções em próteses: Sangramento na articulação protética; duração do procedimento; necessidade de reoperação; idade crescente.

Infecções gastrintestinais

As infecções gastrointestinais referem-se a infecções do tracto gastrointestinal que podem ser adquiridas no hospital, especialmente clostridium difficile, rotavirus e norovírus. As infecções gastrointestinais podem causar angústia significativa aos pacientes, pois podem apresentar cólicas abdominais, náuseas e vômitos, diarréia, fadiga, letargia e desidratação. As infecções do tracto gastrointestinal adquirido nos hospitais também prolongam o tempo de internamento. É a infecção nosocomial mais comum em crianças, onde o rotavírus é o principal patógeno: O Clostridium difficile é a principal causa de gastroenterite nosocomial em adultos nos países desenvolvidos.

Fatores de risco para infecções gastrointestinais:

- Imunossupressão.
- Exposição a agentes patogénicos propagados por via oral fecal; Falha em assegurar que as precauções entéricas são seguidas; Internação prolongada no hospital; Exposição a antibióticos.

Infecções que afectam a pele e tecidos moles (IPTMs)

As infecções nosocomiais que afectam a pele e tecidos moles incluem a apresentação clínica de dor, edema, calor, eritema, bolhas violáceas, perda de sangue cutâneo, sloughing cutâneo, anestesia cutânea, evolução rápida e gases no tecido (20). As IPTMs podem ser classificadas como simples, necrosantes ou supurativas. O manejo das DSTs é difícil devido à variação da sua apresentação. A escolha do tratamento antibiótico pode ser inconsistente e ineficiente. O local de tratamento depende da gravidade das infecções de pele e partes moles. A terapia oral é administrada a lesões leves enquanto a intravenosa é administrada a lesões moderadas a graves. A penicilina é administrada como tratamento de primeira linha para Streptococcus do grupo A (Streptococcus pyogenes) organismos identificados a partir de infecções de pele e partes moles. Os tratamentos alternativos para Streptococcus pyogenes incluem cefalosporina de primeira geração, clindamicina, macrolídeos, glicopeptídeos ou fluoroquinolonas de espectro alargado. Para as IPTMs causadas por organismos Streptococcus do grupo B, são administradas doses elevadas de primeira linha de penicilina G por via intravenosa com clindamicina.

Fatores de risco de SSTI:

Invasão da pele devido a trauma ou cirurgia; feridas abertas; úlceras; queimaduras e escaras.

Infecções do tracto respiratório

As infecções do tracto respiratório nosocomial são as principais causas de morbilidade e mortalidade extremas nos hospitais dos Estados Unidos da América, afectando cerca de cinco a dez de cada 1.000 pacientes. A pneumonia bacteriana é responsável por 25% de todas as infecções na UTI. A pneumonia adquirida ventilada é a mais elevada no curso inicial da estadia hospitalar. A intubação e a ventilação mecânica aumentam o risco de infecções respiratórias nosocomiais. As infecções do tracto respiratório nosocomial são geralmente devidas a Acinetobacter baumannii, Pseudomonas aeruginosa, Stenotrophomonas maltophilia e Staphylococcus aureus. As infecções respiratórias nosocomiais podem ser tratadas com eritromicina ou fluoroquinolona para casos de legionelose.

Factores de risco de infecções do tracto respiratório:

- Diminuição da imunidade; colonização das cavidades humanas por bactérias; necessidade de ventilação mecânica; linfocitopenia;

septicemia; admissão na UTI no primeiro dia; idade avançada; anemia.

- Aspiração das secreções do nariz e da garganta; placas dentárias.

Infecções do sistema nervoso central (SNC)

Como os outros tipos de infecções nosocomiais, as que envolvem o sistema nervoso central (SNC) estão associadas ao aumento da morbidade e mortalidade. As infecções nosocomiais do sistema nervoso central (SNC) podem ser divididas em infecções cirúrgicas ou relacionadas a dispositivos, e infecções não cirúrgicas relacionadas. Mycoplasma hominis é um patógeno atípico que tem sido relatado na literatura como um microorganismo que causa meningite nosocomial após procedimento cirúrgico no cérebro. É indetectável pela coloração de Gram e resistente aos antibióticos beta-lactâmicos. As infecções do SNC causadas por patógenos com sensibilidade reduzida a drogas são um desafio terapêutico, por exemplo, infecções causadas por Pneumococos resistentes à penicilina, Staphylocococci resistentes à meticilina, bacilos aeróbicos multi-resistentes à Gram-negatividade, ou vários outros organismos, incluindo Aspergillus spp., Scedosporium apiospermum, e asteróides Nocardia, que afetam principalmente o SNC em pacientes imunocomprometidos. A penetração de drogas no SNC é influenciada pela natureza e extensão da infecção. Em crianças, antibióticos com boa penetração do SNC são a gentamicina intratecal e penicilinas.

Factores de risco do SNC:

- Feridas superficiais; corpos estranhos (shunts ventriculares); estruturas profundas do parênquima cerebral; meningite bacteriana e infecções do shunt do SNC.

Outras infecções nosocomiais

- Sinusite e outras infecções entéricas, infecções do olho e conjuntiva.
- Endometrite e outras infecções dos órgãos reprodutivos após o parto.

Locais de Infecção Nosocomial

A infecção é geralmente adquirida durante a própria operação; seja exógena (por exemplo, do ar, equipamento médico, cirurgiões e outros profissionais), endógena da flora da pele ou do local da operação ou, raramente, do sangue utilizado na cirurgia. Os microrganismos infectantes são variáveis, dependendo do tipo e localização da cirurgia, e os antimicrobianos recebidos pelo paciente. O principal fator de risco é a extensão da contaminação durante o procedimento (limpo, limpo, contaminado, sujo), que depende em grande parte da duração da operação, e do estado geral do paciente. Outros fatores incluem a qualidade da técnica cirúrgica, a presença de corpos estranhos incluindo drenos, a virulência dos microorganismos, infecção concomitante em outros locais, o uso do barbear pré-operatório e a experiência da equipe cirúrgica.

Sítios de infecções nosocomiais em comum (Segundo a pesquisa de prevalência nacional francesa, 1996):

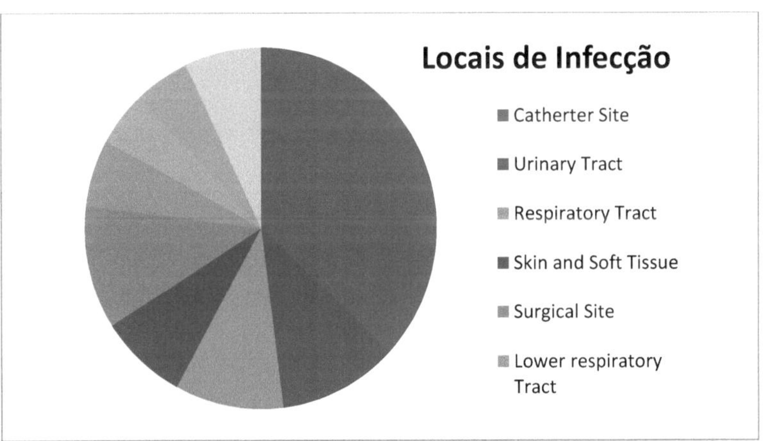

Critérios simplificados para a vigilância das infecções nosocomiais

S. Não	Tipo	Critérios Simplificados de Identificação de Infecções
1	Infecção do local da cirurgia	Qualquer descarga purulenta, abcesso ou celulite disseminada no local da cirurgia durante o mês seguinte à

		operação.
2	Infecção urinária	Cultura de urina positiva (1 ou 2 espécies) com pelo menos 105 bactérias/ml, com ou sem sintomas clínicos
3	Infecção respiratória	Sintomas respiratórios com pelo menos dois dos seguintes sinais durante a hospitalização: tosse, expectoração purulenta, novo infiltrado na radiografia de tórax consistente com infecção
4	Cateter Vascular	Inflamação, linfangite ou infecção, descarga purulenta no local de inserção do cateter
5	Septicemia	Febre ou pelo menos uma hemocultura positiva

Microorganismos envolvidos em infecções nosocomiais

S. Não	Site	Microorganismos envolvidos
1	Fluxo de Sangue	Enterococcus, Klebsiella, e S. aureus resistente à meticilina
2	Trato Urinário	E. coli, Klebsiella spp, Pseudomonas, e Enterococcus
3	Sistema Nervoso Central	H. influenzae, E. coli, Klebsiella spp, Aspergillus spp, Scedosporium, apiospermum, e asteróides Nocardia

Outros patógenos frequentemente envolvidos em infecções nosocomiais são: Streptococcus pyogenes, Streptococcus algalactiae, Klebsiella pneumoniae, etc.

Infecção causadora de patógenos

Muitos patógenos diferentes podem causar infecções nosocomiais. Os organismos infectantes variam entre diferentes populações de pacientes, diferentes ambientes de cuidados de saúde, diferentes instalações e diferentes países.

Bactérias

Estes são os patógenos nosocomiais mais comuns. Pode ser feita uma distinção entre eles:

- ***Bactérias comuns*** encontradas na flora normal de humanos saudáveis. Estas têm um papel protector significativo ao prevenir a colonização por microrganismos patogénicos. Algumas bactérias comensais podem causar infecção se o hospedeiro natural for comprometido. Por exemplo, as coágulas cutâneas - estafilococos negativos causam infecção da linha intravascular e Escherichia coli intestinal são a causa mais comum de infecção urinária.

- ***As bactérias patogénicas*** têm maior virulência, e causam infecções (esporádicas ou epidémicas) independentemente do estatuto do hospedeiro. Por exemplo, as bactérias patogénicas têm maior virulência:

- As hastes anaeróbicas Gram-positivas (por exemplo, Clostridium) causam gangrena.

- As bactérias Gram-positivas, por exemplo Staphylococcus Aureus (bactérias cutâneas que colonizam a pele e o nariz tanto do pessoal hospitalar como dos pacientes) causam uma grande variedade de infecções pulmonares, ósseas, cardíacas e do fluxo sanguíneo e são frequentemente resistentes aos antibióticos; os estreptococos beta-hemolíticos também são importantes.

- Bactérias Gram-negativas: As Enterobacteriacas podem colonizar locais quando as defesas do hospedeiro estão comprometidas (inserção de cateteres, cateter da bexiga, inserção de cânulas) e causar infecções graves (local cirúrgico, pulmão, bacteremia, infecção peritoneal). Também podem ser altamente resistentes.

- Organismos gram-negativos como Pseudomonasa spp. são frequentemente isolados em áreas aquáticas e húmidas. Eles podem colonizar o trato digestivo de pacientes hospitalizados.

- Outras bactérias seleccionadas são um risco único nos hospitais. Por exemplo, espécies de Legionella podem causar pneumonia (esporádica ou endêmica) através da inalação de aerossóis contendo água contaminada (ar condicionado, chuveiros, e aerossóis terapêuticos).

Vírus

Existe a possibilidade de transmissão nosocomial de muitos vírus, incluindo os vírus da hepatite B e C (transfusões, diálise, injeções e endoscopia), vírus sincicial respiratório (RSV), rotavírus e enterovírus (transmitidos por contato mão-boca e por via fecal-oral). Outros vírus como o citomegalovírus, HIV, Ebola, vírus da gripe, vírus do herpes simples e vírus do varicella-zoster, também podem ser transmitidos.

Parasitas e fungos

Alguns parasitas são facilmente transmitidos entre adultos ou crianças. Muitos fungos e outros parasitas são organismos oportunistas e causam infecções durante o tratamento antibiótico prolongado e imunossupressão severa (Candida Albicans, Aspergillus spp., Cryptococcus Neoformans, Cryptosporidium). Estas são uma das principais causas de infecções sistémicas entre os doentes imunocomprometidos. A contaminação ambiental por organismos transportados pelo ar, como Aspergillus spp. que se originam na poeira e no solo também é uma preocupação, especialmente durante a construção de hospitais.

Fontes, Reservatórios e Transmissão de Infecção

Os patógenos/bactérias que causam infecções nosocomiais podem ser adquiridos de várias maneiras:

1. A flora permanente ou transitória do paciente (infecção endógena): As bactérias presentes na flora normal causam infecção devido à transmissão para locais fora do habitat natural (trato urinário), danos

aos tecidos (ferida) ou terapia antibiótica inadequada que permite o crescimento excessivo (C. difficile, levedura spp.). Por exemplo, bactérias Gram-negativas no trato digestivo frequentemente causam infecções no local cirúrgico após cirurgia abdominal ou infecção do trato urinário em pacientes cateterizados.

2. Flora de outro paciente ou membro do pessoal (infecção cruzada exógena): As bactérias são transmitidas entre os pacientes:

   - através do contacto directo entre pacientes (mãos, gotículas de saliva ou outros fluidos corporais),

   - no ar (gotículas ou pó contaminado pela bactéria de um paciente),

   - através de pessoal contaminado através de cuidados ao paciente (mãos, roupas, nariz e garganta) que se tornam portadores transitórios ou permanentes, transmitindo posteriormente bactérias a outros pacientes por contacto directo durante os cuidados,

   - através de objectos contaminados pelo paciente (incluindo equipamentos), pelas mãos do pessoal, visitantes ou outras fontes ambientais (por exemplo, água, outros fluidos, alimentos).

3. Flora do ambiente de saúde (infecções ambientais exógenas endêmicas ou epidêmicas). Vários tipos de microrganismos sobrevivem bem no ambiente hospitalar:

   - em água, áreas húmidas e, ocasionalmente, em produtos esterilizados ou desinfectantes

   - em artigos como roupa de cama, equipamento e suprimentos usados em cuidados; a manutenção apropriada da casa normalmente limita o risco de sobrevivência das bactérias, uma vez que a maioria dos microrganismos requer condições húmidas ou quentes e nutrientes para sobreviver

   - em pó fino e núcleos de gotículas geradas por tosse ou fala (bactérias de diâmetro inferior a 10 μm permanecem no ar durante várias horas e podem ser inaladas da mesma forma que o pó fino).

Isso indica apenas que um organismo é comumente encontrado em um lugar determinado, ou é conhecido por ter sido adquirido de uma determinada fonte; eles trazem poucas implicações sobre a importância relativa de fontes e reservatórios individuais, que podem variar muito de acordo com a situação no hospital.

Algumas generalizações sobre fontes e reservatórios:

- Os recém-nascidos na maioria dos hospitais tendem a adquirir Staphylococcus aureus menos frequentemente das mães do que de outras pessoas, e particularmente de outros bebés. São, no entanto, conhecidos por adquirir estreptococos do grupo B das suas mães.

- A gangrena gasosa é mais frequentemente o resultado da auto-infecção do intestino, e a infecção de outras pessoas é incomum; o tétano é adquirido quase exclusivamente de fontes ambientais externas. Os bacilos Gram-negativos mostrados como "presentes na flora normal" incluem Escherichia coli, que está quase sempre presente em grande número, e outras enterobactérias e Pseudomonas aeruginosa, que são encontradas em menor proporção de pessoas e geralmente em menor número.

- Entre os pacientes hospitalares, porém, e particularmente naqueles que recebem certos antibióticos, as taxas de transporte destes últimos organismos podem aumentar consideravelmente, e alguns dos bacilos Gram-negativos listados como "não presentes na flora normal" podem também colonizar o intestino em alguns pacientes hospitalares.

- A maioria das infecções causadas por enterococos e outros estreptococos não hemolíticos, cocos anaeróbios, clostridia histotóxica, Bacteroides e Acinetobacter são autoinfecções; que as infecções por S. aureus, estreptococos do grupo B, enterobactérias e P. aeruginosa podem ser adquiridas de outras pessoas ou por autoinfecção, e que a maioria das infecções por estreptococos do grupo A são de outras pessoas.

- As infecções com Clostridium tetani, Pseudomonas cepacia, Flavobacterium meningosepticum são quase sempre, e as infecções com P. aeruginosa e membros do grupo Klebsiella-Serratia-Enterobacter são frequentemente, adquiridas de fontes ambientais "independentes".

- Os pacientes e o pessoal hospitalar podem adquirir hepatite através do contacto com o antigénio B positivo para a hepatite a partir de pacientes e dadores de sangue.

Alguns microrganismos podem causar infecção pela via aérea em salas a uma distância considerável daquela ocupada pelo paciente fonte, e é necessário um isolamento aéreo completo da pessoa infecciosa para evitar isso. Por outro lado, em doenças como a estreptococose, a infecciosidade é progressivamente reduzida a distâncias superiores a 5 m, presumivelmente porque as partículas grandes desempenham um papel importante na transmissão da infecção; nestas doenças, a prevenção da superlotação pode ser esperada para reduzir as taxas de infecção.

As partículas infecciosas raramente são expelidas para o ar pelo nariz. Os estafilococos do nariz alcançam o ar indiretamente da pele contaminada pela descamação das escamas epidérmicas. Estas são de tal tamanho que permanecem suspensas no ar por um tempo suficiente para alcançar partes distantes de uma grande ala hospitalar. Partículas de pus seco e exsudado de tamanho semelhante podem estar dispersas de forma semelhante. As partículas suspensas no ar que se sedimentaram nas superfícies podem ser posteriormente redispersas no ar. Muitos patógenos permanecem viáveis no pó por longos períodos de tempo (dias e semanas), mas há evidências de que alguns deles sofrem uma considerável perda de infecciosidade. Na prática, a transmissão aérea de infecções estafilocócicas e estreptocócicas pode geralmente ser rastreada até uma fonte que ainda está presente no hospital ou que o deixou muito recentemente. A infecção com bacilos Gram-negativos parece muito raramente ser disseminada pela via aérea em quartos hospitalares, embora possa ocorrer em condições de alta umidade quando as partículas não sofrem dessecação, notadamente dentro de máquinas respiratórias.

As infecções que se propagam por contato entre pessoas incluem várias (por exemplo, sepse estafilocócica e estreptocócica) que também se propagam aerialmente. Não há um consenso geral sobre a importância relativa das duas vias, que sem dúvida varia consideravelmente de acordo com a situação no hospital e é influenciada pela eficácia das precauções tomadas para prevenir a infecção por qualquer das vias.

Infecções associadas aos cuidados de saúde e infecções hospitalares

As infecções associadas aos cuidados de saúde são adquiridas em estabelecimentos de saúde ou que ocorrem como resultado de intervenções de saúde. Todos os anos, um grande número de pacientes hospitalares experimenta uma complicação de saúde sob a forma de uma infecção adquirida no hospital. As infecções hospitalares são uma das complicações mais comuns que afectam os doentes internados e aumentam consideravelmente a morbilidade e a mortalidade. Uma infecção adquirida no hospital pode ocorrer na presença ou ausência de um procedimento ou dispositivo invasivo. Dependendo do local da infecção, os pacientes com esta complicação podem experimentar uma série de sintomas angustiantes, incluindo febres, calafrios, dor, hipotensão e tonturas, taquicardia, colapso, delírio, tosse, falta de ar, frequência urinária, diarréia, descargas purulentas, ruptura da ferida e até mesmo morte. Isto está muitas vezes levando a uma permanência hospitalar prolongada.

A prevenção de infecções hospitalares representa, portanto, um importante desafio para os clínicos e gestores de serviços de saúde. Todas as complicações adquiridas no hospital podem ser reduzidas através da prestação de cuidados ao paciente que atenuem os riscos evitáveis para os pacientes.

CAPÍTULO: 2
Prevenção da infecção nosocomial

A prevenção de infecções nosocomiais requer um programa integrado e monitorizado, que inclui os seguintes componentes-chave:

- limitar a transmissão de organismos entre pacientes em atendimento direto através de lavagem adequada das mãos e uso de luvas, e prática asséptica apropriada, estratégias de isolamento, práticas de esterilização e desinfecção, e lavanderia

- controlo dos riscos ambientais de infecção

- proteger pacientes com uso apropriado de antimicrobianos profiláticos, nutrição e vacinas

- limitação do risco de infecções endógenas através da minimização de procedimentos invasivos e da promoção de uma utilização óptima de antimicrobianos

- vigilância de infecções, identificação e controle de surtos de gripe aviária

- prevenção de infecções nos membros do pessoal

- Melhorar as práticas de atendimento ao paciente e a educação do pessoal de con- tinuing.

- O controlo das infecções é da responsabilidade de todos os profissionais de saúde: médicos, enfermeiros, terapeutas, farmacêuticos, engenheiros e outros.

As principais questões envolvidas na prevenção de tais infecções são aqui referidas como sendo menores:

1. Estratificação de risco

A aquisição da infecção nosocomial é determinada tanto por fatores do paciente, como o grau de comprometimento imunológico, quanto por intervenções realizadas que aumentam o risco. O nível de prática de cuidados de saúde dos pacientes pode ser diferente para grupos de pacientes com diferentes riscos de aquisição de infecção. Uma avaliação de risco será útil para categorizar os pacientes e planejar intervenções de controle de infecção.

Medidas assépticas apropriadas para diferentes níveis de risco de infecção

Risco de infecção	Asepsis	Anti-sépticos	Mãos	Roupas	Dispositivos*
Mínimo	Limpo	Nenhum	Lavagem simples das mãos ou desinfecção das mãos através de fricção	Roupa de rua	Limpo ou desinfectado a um nível intermédio ou baixo
Médio	Asepsis	Produtos anti-sépticos padrão	Lavagem higiénica das mãos ou desinfecção das mãos através de fricção	Protecção contra sangue e fluidos biológicos, conforme o caso	Desinfectado a nível estéril ou alto
Alto	Assépsia cirúrgica	Principais produtos específicos	Lavagem cirúrgica das mãos ou desinfecção cirúrgica das mãos através de fricção	Roupa cirúrgica: vestido, máscara, bonés, luvas esterilizadas	Desinfectado a nível estéril ou alto

*Todos os dispositivos que entram nas cavidades corporais estéreis devem ser estéreis.

Reduzindo a transmissão de pessoa para pessoa

A importância das mãos na transmissão de infecções hospitalares foi bem demonstrada, e pode ser minimizada com uma higiene adequada das mãos. O cumprimento da lavagem das mãos, no entanto, é frequentemente subaproveitado. Isto deve-se a uma variedade de razões, incluindo: falta de equipamento acessível apropriado, alta relação pessoal/paciente e alergias a produtos de lavagem das mãos, conhecimento insuficiente do pessoal sobre riscos e procedimentos, duração demasiado longa recomendada para a lavagem e o tempo necessário.

Requisitos ideais de "higiene das mãos" para a lavagem das mãos:

- água corrente: grandes lavatórios que requerem pouca manutenção, com dispositivos antibalas e comandos mãos livres

- produtos: sabão ou anti-séptico, dependendo do procedimento

- instalações para secagem sem contaminação (toalhas descartáveis, se possível).

- Para desinfecção das mãos: esfregaços alcoólicos com géis anti-sépticos e emolientes que podem ser aplicados nas mãos limpas fisicamente.

Procedimentos

Devem existir políticas e procedimentos escritos para a lavagem das mãos. As jóias devem ser removidas antes da lavagem. Procedimentos simples de higiene podem ser limitados às mãos e pulsos; os procedimentos cirúrgicos incluem a mão e o antebraço.

- cuidados de rotina (mínimos):
    o lavagem das mãos com sabão não anti-séptico, ou
    o desinfecção rápida e higiénica das mãos (por fricção) com solução alcoólica

- Limpeza de mãos anti-séptica (moderada): cuidados assépticos de pacientes infectados:
    o lavagem das mãos higiénica com sabão anti-séptico seguindo as instruções do fabricante, ou
    o desinfecção rápida e higiénica das mãos: como anteriormente

- esfoliação cirúrgica (cuidados cirúrgicos):
    o lavagem das mãos e antebraços cirúrgicos com sabão anti-séptico e tempo e duração suficientes de contacto (3-5 minutos), ou
    o desinfecção das mãos e antebraços: lavagem e secagem simples das mãos, seguida de duas aplicações de desinfectante

para as mãos, depois esfregar para secar durante o tempo de contacto definido pelo produto.

2. Disponibilidade de recursos

Equipamentos e produtos não são igualmente acessíveis em todos os países ou estabelecimentos de saúde. A flexibilidade em produtos e procedimentos, e a sensibilidade às necessidades locais, irão melhorar a conformidade. Em todos os casos, deve ser instituído o procedimento máximo possível.

Cuidados com as mãos sob restrições

Nível	Bons recursos	Recursos limitados	Recursos muito limitados
Rotina (mínimo)	Lavagem simples das mãos:	Lavagem simples das mãos:	Lavagem simples das mãos:
	Equipamento: lavatório grande, água e detergente distribuído automaticamente, sabão líquido, com toalhas de banho diposíveis.	Equipamento: grande lavatório, água e sabão local (seco), toalhas individuais.	Equipamento: água limpa, sabonete local (seco), toalhas lavadas diariamente.
	Desinfecção higiénica das mãos através de fricção: duração especificada do contacto com as mãos e desinfectante e fricção a seco.	Desinfecção higiénica das mãos através de fricção: duração especificada do contacto com o desinfectante de mãos ou álcool e fricção a seco.	Desinfecção higiénica das mãos através da fricção: duração especificada do contacto com o álcool e fricção a seco.
Limpeza das mãos anti-séptica	Lavagem das mãos higiénica (ou anti-séptica):	Lavagem das mãos higiénica (ou anti-séptica):	Lavagem simples das mãos:
	Equipamento:	Equipamento: grande	Equipamento:

	lavatório grande, água e detergente distribuído automaticamente, esfoliante anti-séptico (contacto de um minuto), toalhas descartáveis.	lavatório, água e sabão local (seco) se a anti-séptica for realizada após a lavagem, caso contrário esfoliação anti-séptica (1 minuto de contacto), toalhas individuais.	água limpa, sabonete local (seco), toalhas lavadas diariamente.
	Desinfecção higiénica das mãos através de fricção: duração especificada do contacto com as mãos e desinfectante e fricção a seco.	Desinfecção higiénica das mãos através de fricção: duração especificada do contacto com o desinfectante de mãos ou álcool e fricção a seco.	Desinfecção higiénica das mãos através de fricção: Associado ao álcool anti-séptico, contato e esfregar para secar
Esfoliante cirúrgico (máximo)	Lavagem cirúrgica das mãos e das mãos:	Lavagem simples das mãos:	Lavagem simples das mãos:
	Equipamento: grande lavatório, água e detergente distribuído automaticamente, boa esfoliação anti-séptica (contacto 3 a 5 minutos), toalhas esterilizadas descartáveis	Equipamento: grande lavatório, água e sabão local (seco), toalhas individuais	Equipamento: água limpa, sabonete local (seco), toalhas lavadas diariamente
	Desinfecção cirúrgica das mãos através de fricção: Equipamento como para o nível 2: bom sabonete suave, desinfectante específico para as mãos, repetido duas vezes.	Desinfecção higiénica das mãos através de fricção: Associado a anti-séptico: desinfetante específico para as mãos, repetido duas vezes	Desinfecção higiénica das mãos através de fricção: Associado a antissepsia com álcool, repetido duas vezes

Higiene pessoal

Todo o pessoal deve manter uma boa higiene pessoal. Os pregos devem estar limpos e ser mantidos curtos. As unhas falsas não devem ser usadas. O cabelo deve ser usado curto ou preso com alfinetes. A barba e os bigodes devem ser aparados curtos e limpos.

3. Vestuário

Vestuário de trabalho

- Os funcionários podem normalmente usar um uniforme pessoal ou roupas de rua cobertas por um casaco branco.

- Em áreas especiais como queimaduras ou unidades de terapia intensiva, são necessárias calças uniformes e uma bata de manga curta para homens e mulheres.

- Em outras unidades, as mulheres podem usar um vestido de manga curta.

- O fato de trabalho deve ser feito de um material fácil de lavar e descontaminar.

- Se possível, deve ser usado um ajuste limpo todos os dias.

- Uma roupa deve ser trocada após a exposição ao sangue ou se ficar molhada devido ao suor excessivo ou à exposição a outros fluidos.

Sapatos

- Nas unidades assépticas e nos blocos operatórios, o pessoal deve usar sapatos dedicados, que devem ser fáceis de limpar.

Caps

- Em unidades assépticas, salas cirúrgicas ou realizando procedimentos invasivos selecionados, o pessoal deve usar toucas ou capuzes que cubram completamente o cabelo.

Máscaras

As máscaras de algodão, gaze ou papel são ineficazes. As máscaras de papel com material sintético para filtração são uma barreira eficaz contra microorganismos.

- As máscaras são utilizadas em várias situações; os requisitos das máscaras diferem para diferentes fins.
- Proteção do paciente: o pessoal deve usar máscaras para trabalhar na sala de cirurgia, para cuidar de pacientes imunocomprometidos, para perfurar cavidades corporais. Uma máscara cirúrgica é suficiente.
- Proteção do pessoal: o pessoal deve usar máscaras ao cuidar de pacientes com infecções transmitidas pelo ar, ou ao realizar broncoscopias ou exames semelhantes. Recomenda-se a utilização de máscaras de alta eficiência.
- Os pacientes com infecções que possam ser transmitidas pela via aérea devem usar máscaras cirúrgicas quando estão fora da sala de isolamento.

Luvas

Luvas são usadas para:

- Proteção do paciente: o pessoal usa luvas esterilizadas para cirurgia, cuidados com pacientes imunocomprometidos, procedimentos invasivos que entram nas cavidades corporais.
- Luvas não estéreis devem ser usadas para todos os contatos do paciente onde as mãos possam estar contaminadas ou para qualquer contato com a mucosa.
- Proteção do pessoal: o pessoal deve usar luvas não esterilizadas para cuidar de pacientes com doenças transmissíveis transmitidas por contato, para realizar broncoscopias ou exames similares.
- As mãos devem ser lavadas quando as luvas são removidas ou trocadas.
- As luvas descartáveis não devem ser reutilizadas.
- O látex ou policloreto de vinil são os materiais mais frequentemente utilizados para luvas. A qualidade, ou seja, a ausência de porosidade ou buracos e a duração de utilização variam consideravelmente de

um tipo de luva para outro. Pode ocorrer sensibilidade ao látex, e o programa de saúde ocupacional deve ter políticas para avaliar e gerir este problema.

4.   Práticas seguras

Para prevenir a transmissão de infecções entre pacientes com injeções:

- eliminar injeções desnecessárias
- usar agulha e seringa esterilizadas
- usar agulha e seringas descartáveis, se possível
- prevenir a contaminação de medicamentos
- seguir práticas seguras de eliminação de material cortante.

Para mais informações, consulte o guia da OMS "Best infection control practices for skin-piercing intra- dermal, subcutaneous, and intramuscular needle injections".

Prevenir a transmissão do meio ambiente

Para minimizar a transmissão de microorganismos dos equipamentos e do meio ambiente, devem existir métodos adequados de limpeza, desinfecção e esterilização. Políticas e procedimentos escritos que são atualizados regularmente devem ser desenvolvidos para cada instalação.

Limpeza do ambiente hospitalar

- A limpeza de rotina é necessária para garantir um ambiente hospitalar visivelmente limpo e livre de poeira e terra.
- Noventa por cento dos microorganismos estão presentes dentro da "sujidade visível", e o objectivo da limpeza de rotina é eliminar esta sujidade. Nem o sabão nem os detergentes têm actividade antimicrobiana, e o processo de limpeza depende essencialmente da acção mecânica.

- Devem existir políticas que especifiquem a frequência de limpeza e os agentes de limpeza utilizados em paredes, pisos, janelas, camas, cortinas, telas, luminárias, móveis, banheiros e todos os dispositivos médicos reutilizados.

- Os métodos devem ser adequados à probabilidade de contaminação e ao nível necessário de assepsia. Isto pode ser conseguido classificando as áreas em uma das quatro zonas hospitalares:

  o Zona A: sem contacto do paciente. Limpeza doméstica normal (por exemplo, administração, biblioteca).

  o Zona B: cuidado de pacientes que não estão infectados, e não são altamente susceptíveis, limpos por um procedimento que não levanta poeira. Varreduras a seco ou aspiradores não são recomendados. O uso de uma solução detergente melhora a qualidade da limpeza. Desinfecte quaisquer áreas com contaminação visível com sangue ou fluidos corporais antes da limpeza.

  o Zona C: pacientes infectados (enfermarias de isolamento). Limpar com uma solução detergente/desinfectante, com equipamento de limpeza separado para cada sala.

  o Zona D: pacientes altamente sensíveis (isolamento protector) ou áreas protegidas como salas cirúrgicas, salas de parto, unidades de cuidados intensivos, unidades de bebés prematuros, departamentos de acidentes e unidades de hemodiálise. Limpar utilizando uma solução detergente/desinfectante e equipamento de limpeza separado.

Todas as superfícies horizontais nas zonas B, C e D, e todas as áreas sanitárias devem ser limpas diariamente.

- Os testes bacteriológicos do ambiente não são recomendados exceto em circunstâncias selecionadas, como por exemplo:

  o investigação epidémica onde existe uma fonte ambiental suspeita

  o monitorização da água por diálise para contagem bacteriana

  o Controle de qualidade ao mudar as práticas de limpeza.

5.   Técnicas de Desinfecção

Uso de água quente/super-aquecida

Uma alternativa à desinfecção para a limpeza ambiental de alguns objectos é a água quente.

Desinfecção com água quente

S. Não	Item	Temperatura em °C	Duração
1	Sanitário	80	45-60 segundos por equipamento
2	Utensílios de cozinha	80	1 minuto
3	Linho	70	25 minutos
		95	10 minutos

Desinfecção do equipamento do paciente

A desinfecção remove os microorganismos sem esterilização por complissagem para prevenir a transmissão de ismos orgânicos entre os pacientes. Os procedimentos de desinfecção devem ser realizados:

- o   cumprir os critérios para a morte de organismos

- o   ter um efeito detergente

- o   agir independentemente do número de bactérias presentes, do grau de dureza da água, ou da presença de sabão e proteínas (que inibem alguns desinfectantes).

Para serem aceitáveis no ambiente hospitalar, eles também devem ser:

- o   fácil de usar

- o   não-volátil

o não prejudicial ao equipamento, ao pessoal ou aos pacientes

o livre de odores desagradáveis

o eficaz num período de tempo relativamente curto.

Ao utilizar um desinfetante, as recomendações dos fabricantes devem ser sempre seguidas. Diferentes produtos ou processos atingem diferentes níveis de desinfecção:

- Desinfecção de alto nível (crítica): isto destruirá todos os microorganismos, com excepção da forte contaminação por esporos bacterianos.

- Desinfecção intermediária (semi-crítica): inativa Mycobacterium tuberculosis, bactérias vegetativas, a maioria dos vírus e a maioria dos fungos, mas não necessariamente mata esporos bacterianos.

- Desinfecção de baixo nível (não crítica) - isto pode matar a maioria das bactérias, alguns vírus e alguns fungos, mas não pode ser confiável para matar bactérias mais resistentes como a M. tuberculosis ou esporos bacterianos.

Estes níveis de desinfecção são atingidos através da utilização do produto químico apropriado da maneira apropriada para o nível de desinfecção desejado.

Espectro de actividade conseguido com os principais desinfectantes

Nível de desinfecção necessário	Espectro de actividade do desinfectante	Ingredientes ativos potencialmente capazes de satisfazer estes espectros de atividade	Fatores que afetam a eficácia de um desinfetante
Alto	Sporicida	Ácido peracético	Concentração
	Mycobactericida	Dióxido de cloro	Tempo de contacto
	Virucida	Formaldeído	Temperatura
	Fungicida	Glutaraldeído	Presença de matéria orgânica
	Bactericida	Hipoclorito de sódio	pH, presença de iões de cálcio ou magnésio (por exemplo, dureza da água utilizada para a diluição)
		Peróxido de hidrogênio estabilizado	
		Succinaldeído (aldeído succínico)	
Intermediário	Tuberculocida	Derivados de fenol, etil e isopropil álcoois	Formulação do desinfetante utilizado
	Virucida		
	Fungicida		
	Bactericida		
Baixo	Bactericida	amónio quaternário	
		Amphiprotic	
		Aminoácidos	

Nível de desinfecção do equipamento do paciente em relação ao tipo de cuidados

Utilização de dispositivos	Classe	Nível de risco	Nível de desinfecção
Para o sistema vascular, para a cavidade estéril, para os tecidos estéreis: Instrumentação cirúrgica, por exemplo: antroscópios, biópsias, instrumentação, etc.	crucial	elevado	esterilização ou desinfecção de alto nível
Contacto com membrana mucosa, pele não intacta: por exemplo: gastroscopia, etc.	semicrítico	meio	desinfecção da mediana Nível
Pele intacta ou sem contacto com o paciente: por exemplo: camas, lavatório, etc.	não-crítico	baixo	desinfecção de baixo nível

Esterilização

A esterilização é a destruição de todos os microrganismos. Operacionalmente, isto é definido como uma diminuição da carga microbiana em 10-6. A esterilização pode ser conseguida por meios físicos ou químicos.

- A esterilização é necessária para dispositivos médicos que penetrem em locais estéreis do corpo, bem como todos os fluidos e medicamentos parentéricos.

- Para os equipamentos reprocessados, a esterilização deve ser precedida de uma limpeza para remover a sujidade visível.

O objeto deve ser embrulhado após a esterilização. Apenas um objecto esterilizado embrulhado deve ser descrito como estéril. (Materiais para ou embalagem/embalagem previnem a contaminação, mantêm a esterilidade por um longo período, podem agir como um campo estéril e também podem ser usados para embrulhar dispositivos sujos após o procedimento).

Principais métodos de esterilização

- Esterilização térmica

- Esterilização úmida: exposição ao vapor saturado com água a 121 C durante 30 minutos, ou 134 C durante 13 minutos em autoclave; (134 C durante 18 minutos para os priões).

- Esterilização a seco: exposição a 160 C durante 120 minutos, ou 170 C durante 60 minutos; este processo de esterilização é frequentemente considerado menos fiável do que o processo a húmido, particularmente para dispositivos médicos ocos.

- Esterilização química: O óxido de etileno e o formaldeído para esterilização estão sendo gradualmente eliminados em muitos países por questões de segurança e emissão de gases de efeito estufa. plásticos selecionados; apenas o polietileno e o polipropileno são adequados para a esterilização com óxido de etileno.

Os sistemas de embalagem para artigos esterilizados devem cumprir a legislação e/ou regulamentos locais, mas devem, no entanto, cumprir:

- fornecer a integridade adequada do selo e ser à prova de adulteração

- proporcionar uma barreira adequada às partículas em suspensão

- suportar as condições físicas do processo de esterilização

- proporcionar uma barreira adequada aos fluidos

- permitir a remoção adequada do ar

- permitir a penetração e remoção de esterilizante

- proteger o conteúdo da embalagem contra a idade física da barragem

- resistir a rasgos e furos
- estar livre de buracos
- estar livre de ingredientes tóxicos
- ter um baixo teor de cotão
- ser utilizado de acordo com as instruções escritas dos fabricantes
- ser datado.

Condições de armazenamento adequadas são essenciais para manter a integridade dos itens esterilizados. O usuário final deve verificar a integridade da embalagem antes de usá-la. A esterilização de endoscópios, instrumentos minimamente invasivos e instrumentação robótica é necessária, mas pode representar um desafio particular devido à configuração desses instrumentos.

Os parâmetros de controle de qualidade do processo de esterilização devem registrar informações sobre o ciclo de processamento da esterilização, inclusive:

- número de carga
- conteúdo de carga
- gráfico de registro de temperatura e tempo de exposição
- testes físicos/químicos regulares (pelo menos diariamente)
- testes biológicos regulares (pelo menos semanalmente)
- processamento de vapor (Bacillus stearothermophilus)
- processamento de óxido de etileno (Bacillus subtilis v. niger).

A manutenção regular deve ser realizada e documentada. Os seguintes registros devem ser mantidos para toda a esterilização:

- data de serviço
- modelo e número de série
- localização
- descrições de peças substituídas
- registros de testes biológicos

- teste Bowie-Dick

- nome e assinatura do controlador.

6. Reprocessamento de endoscópio

Os endoscópios são dispositivos médicos que podem ser problemáticos para limpar e desinfectar (canais longos e estreitos, design interno complexo, etc.). Os produtos e/ou processos utilizados (desinfecção química ou termo-química) podem não ser tão fiáveis como os métodos de esterilização. Para reduzir a transmissão nosocomial de microorganismos por endoscopia, deve ser seguido sistematicamente um procedimento de reprocessamento padrão por etapas:

1. Imediatamente após o uso, o canal de ar-água deve ser limpo com ar forçado e a água da torneira ou detergente deve ser aspirada ou bombeada através do(s) canal(is) de aspiração/ biópsia para remover detritos orgânicos.

2. Todas as peças destacáveis (por exemplo, exaustores e válvulas de sucção) devem ser removidas e embebidas numa solução detergente, e as partes externas dos endoscópios devem ser suavemente limpas.

3. Todos os canais acessíveis devem então ser irrigados com água da torneira ou solução detergente, escovados (utilizando escova esterilizada ou de uso único) e purgados.

4. Antes de qualquer imersão, o endoscópio deve ser testado quanto a fugas.

Após o pré-tratamento e limpeza mecânica, o endoscópio deve ser limpo e desinfectado, manual ou automaticamente. Em ambos os casos, o ciclo completo inclui várias etapas:

1. Limpeza: Usando um detergente aprovado.

2. Lavagem (a água da torneira é suficiente para esta fase intermédia de lavagem).

3. Desinfecção: Usando um desinfectante aprovado e de alto nível. Em relação ao risco da DCJ, não deve ser utilizado um desinfetante com propriedades fixadoras de proteínas (ou seja,

produtos à base de aldeídos). Um desinfetante não-fraxante deve ser selecionado.

4. Lavagem: O nível de pureza microbiana da água utilizada depende do uso posterior do endoscópio (água controlada bacteriologicamente ou água esterilizada).

5. A secar: Se o endoscópio não for armazenado, esta etapa de secagem inclui apenas o sopro de ar do canal para remover a água residual.

CAPÍTULO: 3
Prevenção das Infecções Endémicas Mais Comuns

As quatro infecções nosocomiais mais comuns são *infecções do trato urinário, infecções de feridas cirúrgicas, pneumonia e infecção primária da corrente sanguínea*. Cada uma delas está associada a um dispositivo médico invasivo ou procedimento invasivo. O mecanismo de prevenção de tais infecções requer políticas e práticas específicas. Estas políticas e práticas devem ser estabelecidas, revistas e actualizadas regularmente e o seu cumprimento deve ser monitorizado.

A. Infecções do tracto urinário(ITU)

As infecções do tracto urinário são as infecções nosocomiais mais frequentes; 80% destas infecções estão associadas a um cateter uretral residente.

Portais de entrada de microrganismos nos sistemas de drenagem urinária:

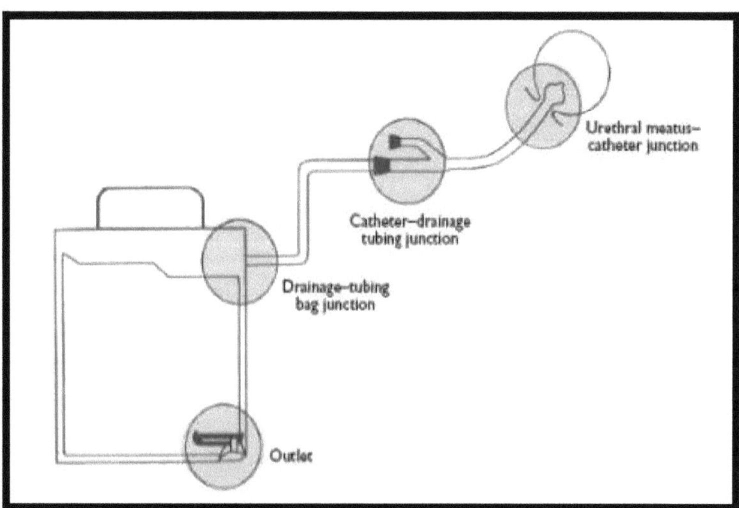

As intervenções eficazes na prevenção da infecção urinária nosocomial incluem:

- evitar a cateterização uretral, a menos que haja uma indicação convincente

- limitando a duração da drenagem, se for necessário um cateterization

- manter uma prática asséptica apropriada durante a inserção do cateter urinário e outros procedimentos urológicos invasivos (por exemplo, cistoscopia, testes urodinâmicos, cistoscopia)

- lavagem higiénica das mãos ou fricção antes da inserção e após a manipulação do cateter ou do saco de drenagem

- luvas esterilizadas para inserção

- limpeza perineal com uma solução anti-séptica antes da inserção

- inserção uretral não traumática utilizando um lubrificante apropriado

- Manutenção de um sistema de drenagem fechado.

Outras práticas recomendadas incluem:

- manutenção de uma boa hidratação do paciente

- higiene perineal apropriada para pacientes com cateteres

- formação adequada do pessoal em inserção e cuidados com cateteres

- mantendo a drenagem desobstruída da bexiga para o saco de recolha, com o saco abaixo do nível da bexiga.

Geralmente, deve ser utilizado o cateter de menor diâmetro. O material do cateter (látex, silicone) não é conhecido por influenciar as taxas de infecção. Para pacientes com bexiga neurogênica:

- evitar um cateter residente, se possível

- Se for necessária a drenagem assistida da bexiga, deve ser utilizado um cateterismo urinário intermitente limpo.

B. Infecções da ferida cirúrgica (infecções do local da cirurgia)

Os factores que influenciam a frequência da infecção da ferida cirúrgica incluem:

- técnica cirúrgica

- extensão da contaminação endógena da ferida na cirurgia (por exemplo, limpa, limpa e contaminada)

- duração de funcionamento

- estado subjacente do paciente

- ambiente da sala de operações

- organismos derramados pela equipa da sala de operações.

Um programa sistemático de prevenção de infecções de feridas cirúrgicas inclui a prática da melhor técnica cirúrgica, um ambiente de sala de operações limpo com entrada restrita de pessoal e vestuário apropriado para o pessoal, equipamento esterilizado, preparação pré-operatória adequada do doente, utilização adequada de profilaxia antimicrobiana pré-operatória, e um programa de vigilância de feridas cirúrgicas. As taxas de infecção de feridas cirúrgicas são reduzidas pela vigilância padronizada da infecção, com a comunicação das taxas aos cirurgiões individuais.

Ambiente limpo da sala de cirurgia

As bactérias transportadas pelo ar devem ser minimizadas, e as superfícies mantidas limpas. Um horário recomendado para a limpeza e desinfecção da sala de cirurgia é:

- todas as manhãs antes da intervenção: limpeza de todas as superfícies horizontais

- entre procedimentos: limpeza e desinfecção das superfícies horizontais e de todos os itens cirúrgicos (por exemplo, mesas, baldes)

- No final do dia de trabalho: limpeza completa do bloco operatório com um produto de limpeza desinfectante recomendado

- Uma vez por semana: limpeza completa da área do bloco operatório, incluindo todos os anexos, tais como camarins, salas técnicas, armários.

Todos os itens usados dentro de um campo estéril devem ser estéreis. Os cortinados esterilizados devem ser colocados no paciente e em qualquer equipamento incluído no campo esterilizado; estes cortinados devem ser manuseados o menos possível. Assim que um cortinado estéril estiver em posição, não deve ser movido; deslocar ou mover o cortinado estéril compromete o campo estéril.

Para cirurgias seleccionadas de alto risco (por exemplo, procedimentos ortopédicos com implantes, transplantes) podem ser consideradas outras medidas específicas para a ventilação do bloco operatório.

Lavagem das mãos / Desinfecção das mãos pelo pessoal da sala de operações

A desinfecção das mãos cirúrgicas deve ser realizada por todas as pessoas que participam do procedimento operatório.

Roupas apropriadas para o bloco operatório

- O pessoal de operação deve usar luvas esterilizadas. A ocorrência relatada de punções com luvas varia de 11,5% a 53% dos procedimentos e, portanto, é aconselhável o uso de luvas duplas para procedimentos com alto risco de punção, como a artroplastia total da articulação.

- O gloving duplo também é recomendado quando se opera em pacientes conhecidos por estarem infectados com patógenos transmitidos pelo sangue, como o vírus da imunodeficiência humana (HIV), hepatite B, ou hepatite C.

- As luvas devem ser trocadas imediatamente após qualquer punção acidental.

- Todas as pessoas que entram no bloco operatório devem usar trajes cirúrgicos restritos a serem usados apenas dentro da área cirúrgica. O desenho e composição do traje cirúrgico deve minimizar o derramamento de bactérias no ambiente.

- Todos os pêlos da cabeça e do rosto, incluindo as patilhas, e o decote, devem ser cobertos. Todo o pessoal que entra na sala de operação deve remover qualquer joalharia; esmaltes ou unhas artificiais não devem ser usadas.

- Cobertura total da área da boca e nariz com uma máscara cirúrgica para todos os que entram na sala de operações.

- Os vestidos cirúrgicos esterilizados devem ser usados por todas as pessoas que participam directamente na operação. Devem ser usados batas ou aventais impermeáveis para procedimentos com alto risco de contaminação do sangue.

Actividade da sala de operações controlada

- O número de pessoas que entram no teatro durante uma operação deve ser minimizado.

- Movimentos ou conversas desnecessários devem ser evitados.

-

Preparação pré-intervenção do paciente

- Para procedimentos eletivos, quaisquer infecções existentes devem ser identificadas e tratadas antes da cirurgia. A permanência pré-operatória deve ser minimizada. Qualquer paciente desnutrido deve ter a nutrição melhorada antes da cirurgia eletiva.

- O paciente deve normalmente tomar banho ou duche na noite anterior à intervenção, usando um sabonete antimicrobiano. Se for necessária uma depilação, esta deve ser feita com um recorte ou com um depilatório, em vez de se fazer a depilação.

- O local operatório deve ser lavado com água e sabão, em seguida, uma preparação de pele antimicrobiana pré-operatória aplicada do centro para a periferia. A área preparada deve ser suficientemente grande para incluir toda a incisão e a pele adjacente o suficiente para o cirurgião trabalhar sem contato com a pele despreparada.

- O paciente deve ser coberto com cortinas esterilizadas; nenhuma parte é descoberta, excepto o campo operatório e as áreas necessárias para a administração e manutenção da anestesia.

Vigilância da ferida cirúrgica

- Deve ser realizada uma vigilância prospectiva da ferida cirúrgica para procedimentos seleccionados.

- As taxas de infecção devem ser estratificadas pela extensão da contaminação bacteriana endógena na cirurgia: limpa, contaminada ou suja.

- As taxas de infecção de feridas cirúrgicas também podem ser estratificadas pela duração da operação e pelo estado do paciente subjacente.

- Como procedimento padrão adicional de vigilância de cuidados de saúde, os cirurgiões individuais devem receber as suas próprias taxas de infecção de feridas cirúrgicas de forma confidencial, com um comparador de taxas gerais para a instalação ou região.

C. Infecções respiratórias nosocomiais

As infecções do tracto respiratório nosocomial/pneumonia ocorrem em diferentes grupos de pacientes. Em alguns casos, o ambiente hospitalar pode desempenhar um papel significativo. As recomendações para prevenir estas infecções incluem:

Manuseio e manutenção de ventiladores nas unidades de terapia intensiva

- Desinfecção adequada e cuidados em uso das tubulações, respiradores e umidificadores para limitar a contaminação.

- Sem alterações de rotina nos tubos respiratórios.

- Evite antiácidos e bloqueadores de H2.

- Sucção traqueal estéril.

- Enfermeira em posição de cabeça para cima.

Precauções a tomar pelas unidades médicas

- Medicamentos limite que prejudicam a consciência (sedativos, narcóticos).

- Posicionar pacientes comatosos para limitar o potencial de aspiração.

- Evite a alimentação oral em pacientes com anormalidades de deglutição.

- Prevenir a exposição de pacientes neutropenicos ou transplantados a esporos fúngicos durante a construção ou renovação.

Precauções a tomar pelas unidades cirúrgicas

- Todos os aparelhos invasivos utilizados durante a anestesia devem ser estéreis.

- Os anestesistas devem usar luvas e máscara quando realizam cuidados traqueais invasivos ou venosos ou epi- dural. Os filtros descartáveis (para uso individual) para intubação endotraqueal previnem eficazmente a transmissão de microorganismos entre os pacientes por ventiladores.

- A fisioterapia pré-operatória previne a pneumonia pós-operatória em pacientes com doença respiratória crônica.

Precauções para pacientes neurológicos com traqueostomia

- Sucção estéril com a frequência apropriada.

- Limpeza e desinfecção adequadas de máquinas respiratórias e outros dispositivos.

- Fisioterapia para ajudar na drenagem de secre- tos.

D. Infecções associadas às linhas intravasculares

Podem ocorrer infecções locais (local de saída, túnel) e sistémicas devido a linhas intravasculares. Elas são mais comuns em unidades de terapia intensiva. As principais práticas para todos os cateteres vasculares incluem:

- evitar a cateterização, a menos que haja indicação médica

- manutenção de um alto nível de assepsia para inserção e cuidados com cateteres

- limitando o uso de cateteres à duração mais curta possível

- preparação asséptica e imediatamente antes da utilização

- Treinamento extensivo do pessoal médico na inserção e cuidados com cateteres.

Portais de entrada de microrganismos em sistemas IV

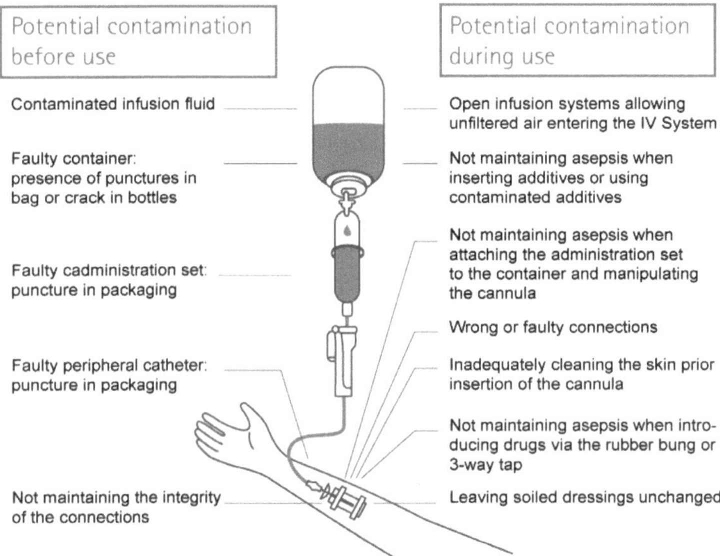

Práticas recomendadas em cateteres vasculares periféricos

- As mãos devem ser lavadas antes de todos os cuidados com o cateter, usando lavagem higiênica das mãos ou fricção.

- Lavar e desinfectar a pele no local de inserção com uma solução anti-séptica.

- As alterações de linha intravenosa não são mais frequentes do que as alterações de cateteres, com excepção das alterações de linha após a transfusão de sangue ou intralípidos, e para perfusões descontínuas.

- Uma mudança de penso não é normalmente necessária.

- Se ocorrer uma infecção local ou flebite, o cateter deve ser removido imediatamente.

Práticas recomendadas em cateteres vasculares centrais

- Limpar o local de inserção com uma solução anti-séptica.

- Não aplicar solventes ou pomada antimicrobiana no local de inserção.

- Máscara, touca e luvas e bata esterilizadas devem ser usadas para a inserção.

- A introdução do cateter e os subsequentes curativos do cateter requerem uma lavagem ou fricção cirúrgica das mãos.

- Siga os cuidados assépticos apropriados no acesso ao sistema, incluindo a desinfecção das superfícies externas do cubo e dos portos.

- A mudança de linhas normalmente não deve ocorrer com mais frequência do que uma vez a cada três dias. Uma mudança de linha é necessária, porém, após a transfusão de sangue, produtos sanguíneos ou intralipídios, e para perfusões descontínuas.

- Mudança de curativo no momento da mudança de linhas, após a assepsia cirúrgica.

- Use gaze esterilizada ou curativo transparente para cobrir o local do cateter.

- Não substitua sobre um fio-guia se houver suspeita de infecção.

- Um aumento do número de lúmenes dos cateteres pode aumentar o risco de infecção. Um único cateter de lúmen é preferido sempre que possível.

- Os cateteres impregnados antimicrobianos podem diminuir a infecção em pacientes de alto risco com cateterização de curto prazo (<10 dias).

- Use o local da subclávia em vez de locais jugulares ou femorais.

- Considere o uso de um cateter central inserido perifericamente, se apropriado.

Práticas recomendadas em cateteres vasculares centrais (totalmente implantados)

Os dispositivos implantáveis de acesso vascular devem ser considerados para pacientes que requerem terapia a longo prazo (>30 dias). As práticas preventivas adicionais para estes pacientes incluem:

- um duche pré-operatório e implante em condições cirúrgicas numa sala de operações

- A preparação local inclui lavagem e antissepsia com solução anti-séptica importante como para outros procedimentos cirúrgicos

- máscara, chapéu e luvas e bata esterilizada devem ser usados; a introdução de um cateter e o curativo requerem uma lavagem ou fricção cirúrgica das mãos

- Manter um sistema fechado durante o uso do dispositivo; uma mudança de linha deve normalmente ocorrer a cada 5 dias para uso contínuo, e a cada intervenção para uso intermitente; uma mudança de linha é necessária após a transfusão de sangue, e para perfusões descontínuas.

CAPÍTULO: 4
Precauções de Controlo de Infecções no Cuidado do Paciente

Precauções padrão para todos os pacientes

- Lavar as mãos imediatamente após o contacto com material infeccioso

- Sempre que possível, não utilizar técnicas de toque

- Usar luvas quando em contacto com sangue, fluidos corporais, secreções, excreções, membranas mucosas e artigos contaminados.

- Lavar as mãos imediatamente após a remoção das luvas

- Todos os cortes devem ser manuseados com extremo cuidado.

- Limpe imediatamente os derrames de material infeccioso

- Assegurar que o equipamento de cuidados de saúde, suprimentos e roupa contaminada com material infeccioso seja descartada ou desinfectada ou esterilizada entre cada utilização do paciente.

- Assegurar um tratamento adequado dos resíduos

Pacientes selecionados podem exigir precauções específicas para limitar a transmissão de organismos potencialmente infectantes a outros pacientes. As precauções de isolamento recomendadas dependem da rota de transmissão (1). As principais rotas são:

- Infecção pelo ar: a infecção geralmente ocorre pela via respiratória, com o agente presente nos aerossóis (partículas infecciosas <5 μm de diâmetro).

- Infecção por gotículas: gotas grandes transportam o agente infeccioso (> 5 μm de diâmetro).

- Infecção por contacto directo ou indirecto: a infecção ocorre através do contacto directo entre a fonte da infecção e o receptor ou indirectamente através de objectos contaminados.

Aspectos práticos: O isolamento e outras precauções de barreira devem ser políticas claramente escritas, padronizadas e adaptáveis ao agente infeccioso e aos pacientes. Estas incluem:

- precauções padrão ou de rotina a serem seguidas para todos os pacientes

- precauções adicionais para pacientes selecionados.

Precauções de rotina

Para ser aplicado ao cuidado de todos os pacientes. Este em clúdios limita o contacto do profissional de saúde com todas as secreções ou fluidos biológicos, lesões cutâneas, membranas mucosas e sangue ou fluidos corporais. Os profissionais de saúde devem usar luvas para cada contato que possa levar à contaminação, e vestidos, máscara e proteção dos olhos quando a contaminação da roupa ou do rosto for antecipada.

As considerações sobre vestuário de protecção incluem:

- bata: deve ser de material lavável, mas - tonificada ou amarrada nas costas e protegida, se necessário, por um avental de plástico

- luvas: luvas de plástico baratas estão disponíveis e geralmente suficientes

- máscara: máscaras cirúrgicas feitas de pano ou papel podem ser usadas para proteger de salpicos.

Precauções adicionais para modos específicos de transmissão:

As seguintes precauções são usadas para pacientes selecionados, além das descritas acima:

- Para precauções aéreas (núcleos de gotículas <5 µm) (por exemplo, tuberculose, varicela, sarampo), é necessário o seguinte:

- sala individual com ventilação adequada; isto inclui, sempre que possível, pressão negativa; porta fechada; pelo menos seis trocas de ar por hora; exaustão para o exterior longe das condutas de admissão

- pessoal usando máscaras de alta eficiência na sala

- paciente para ficar no quarto.

Para precauções com gotículas (núcleos de gotículas > 5 μm) (por exemplo, meningite bacteriana, difteria, vírus sincicial respiratório), são necessários os seguintes procedimentos:

- espaço individual para o paciente, se disponível
- máscara para profissionais de saúde
- circulação restrita para o paciente; o paciente usa uma máscara cirúrgica se sair da sala.

Precauções de contacto

Estes são necessários para pacientes com infecções entéricas e diarreias que não podem ser controladas ou lesões cutâneas que não podem ser contidas.

- espaço individual para o paciente, se disponível; se possível, coorte de pacientes
- O pessoal usa luvas ao entrar na sala; uma bata para contato do paciente ou contato com superfícies ou material contaminado
- lavar as mãos antes e depois do contato com o paciente, e ao sair da sala
- restringir o movimento do paciente fora da sala
- limpeza, desinfecção e esterilização adequadas do ambiente e dos equipamentos.

Isolamento absoluto (rigoroso)

Tal isolamento é necessário quando há risco de infecção por um agente altamente virulento ou outro agente único de preocupação onde várias vias de transmissão estão implicadas.

- quarto individual, numa ala de isolamento, se possível
- máscara, luvas, batas, touca, protecção dos olhos para todos os que entram na sala
- lavagem de mãos higiénica à entrada e à saída da sala
- incineração de agulhas, seringas

- desinfecção dos instrumentos médicos

- incineração de excrementos, fluidos corporais, secreções nasofarínicas-geais

- desinfecção do linho

- restringir visitantes e pessoal

- desinfecção diária e desinfecção terminal no final da estadia

- utilização de equipamento descartável (utilização única)

- transporte adequado e gestão laboratorial de espécimes de pacientes.

Microrganismos resistentes aos antimicrobianos

O aumento da ocorrência de microrganismos resistentes a antimicrobianos (ou seja, S. Aureus resistente à meticilina ou enterococos resistentes à vancomicina) é uma grande preocupação médica. A sua propagação é geralmente por transporte transitório nas mãos dos profissionais de saúde. As seguintes precauções são necessárias para a pré-venção da propagação da epidemia:

- minimizar transferências de pessoal e pacientes da ala

- assegurar a detecção precoce dos casos, especialmente se internados de outro hospital; o rastreio de doentes de alto risco pode ser considerado

- isolar pacientes infectados ou colonizados em uma única sala, unidade de isolamento ou coorte em uma ala maior

- reforçar a lavagem das mãos pelo pessoal após o contacto com pacientes infectados ou colonizados; considerar o uso de um agente anti-séptico de lavagem das mãos

- usar luvas para manusear materiais contaminados, ou pacientes infectados ou colonizados

- usar bata ou avental ao manusear materiais contaminados ou pacientes infectados ou colonizados

- considerar tratar portadores nasais com mupirocina

- considerar detergente anti-séptico para lavagem diária ou banho para portadores ou pacientes infectados

- assegurar o manuseamento e eliminação cuidadosa de dispositivos médicos, roupa de cama, resíduos, etc.

- desenvolver diretrizes especificando quando as medidas de isolamento podem ser descontinuadas.

CAPÍTULO: 5
Ambiente e Infecções Nosocomiais

A discussão sobre o ambiente incluirá características de construção, ventilação, água, alimentos e resíduos.

Edifícios

Os serviços de saúde, incluindo os serviços hospitalares públicos e privados, devem cumprir os padrões de qualidade. É reconhecido que instalações mais antigas, e instalações em países em desenvolvimento, podem não ser capazes de atingir esses padrões. No entanto, os princípios subjacentes a estes padrões devem ser tidos em conta no planeamento local e, sempre que possível, as renovações devem tentar alcançar os padrões.

Um membro da equipa de controlo de infecções deve participar na equipa de planeamento de qualquer nova construção ou renovação de instalações hospitalares existentes. O papel do controle de infecções neste processo é rever e aprovar planos de construção para garantir que eles cumpram as normas para minimizar as infecções nosocomiais. As considerações geralmente incluem:

- fluxo de tráfego para minimizar a exposição de pacientes de alto risco e facilitar o transporte de pacientes

- separação espacial adequada dos pacientes

- número e tipo adequados de quartos de isolamento

- acesso adequado às instalações de lavagem das mãos

- materiais (por exemplo, tapetes, pisos) que possam ser limpos adequadamente

- ventilação apropriada para salas de isolamento e áreas especiais de atendimento a pacientes (salas de cirurgia, unidades de transplante)

- prevenção da exposição do paciente a esporos fúngicos com renovações

- sistemas de água potável apropriados para limitar a Legionella Spp.

Materiais

A escolha dos materiais de construção, especialmente aqueles considerados no revestimento de superfícies internas, é muito importante. Os revestimentos de pavimentos devem ser fáceis de limpar e resistentes aos procedimentos de desinfecção. Isto também se aplica a todos os itens no ambiente do paciente. Tudo isto é necessário:

- Definição de necessidades (planejamento)
- Definição do nível de risco (segregação)
- Descrição dos padrões funcionais de fluxo (fluxos e isolamento)
- Construção ou reconstrução (materiais)

Segregação arquitectónica

É útil para estratificar as áreas de atendimento de pacientes pelo risco da população de pacientes para aquisição de infecção. Para algumas unidades, incluindo oncologia, neonatologia, cuidados intensivos e unidades de transplante, pode ser desejável uma ventilação especial. Os pacientes infectados devem ser separados dos pacientes imunodeprimidos. Da mesma forma, em uma unidade central de esterilização ou em uma cozinha hospitalar, as áreas contaminadas não devem comprometer as áreas não contaminadas.

Fluxo de tráfego

Um quarto ou espaço, qualquer que seja o seu propósito, nunca está completamente separado. No entanto, pode ser feita uma distinção entre áreas de alto e baixo tráfego. Pode-se considerar serviços gerais (alimentação e lavanderia, equipamentos esterilizados e distribuição farmacêutica), serviços especializados (anestesiologia, imagiologia médica, terapia intensiva médica ou cirúrgica) e outras áreas. Um hospital com áreas bem definidas para atividades específicas pode ser descrito usando fluxogramas retratando o fluxo de pacientes internados ou ambulatoriais, visitantes, pessoal (médicos, enfermeiros e paramédicos), suprimentos (consumíveis, estéreis, catering, roupas, etc.), assim como o fluxo de ar, líquidos e resíduos. Outros padrões de tráfego também podem ser identificados. A construção ou reconstrução de um hospital requer a consideração de todos os movimentos físicos e comunicações, e onde pode ocorrer a con- domesticação.

Neste contexto, em vez de considerar um circuito "limpo" e um circuito "sujo", considere apenas circuitos onde os diferentes fluxos podem atravessar sem risco, desde que o ma- terial esteja devidamente protegido. Um elevador pode acomodar pessoal hospitalar, equipamentos estéreis, visitantes e resíduos, desde que cada um deles seja tratado de forma adequada. Tanto os produtos estéreis como os resíduos devem ser selados em recipientes seguros, e o exterior desses recipientes não deve apresentar risco de contaminação biológica.

Ar

A infecção pode ser transmitida a curtas distâncias por grandes gotas e a longas distâncias por núcleos de gotículas geradas pela tosse e espirros. Os núcleos de gotículas permanecem no ar por longos períodos, podem se disseminar amplamente em um ambiente como uma ala hospitalar ou uma sala de cirurgia, e podem ser adquiridos por (e infectar) pacientes direta ou indiretamente através de dispositivos médicos contaminados.

A actividade doméstica, como varrer, usar esfregões ou panos de pó seco, ou sacudir a roupa, pode pulverizar partículas que podem conter microrganismos. Organismo responsável pela legionelose, pode se tornar transportado pelo ar durante a evaporação de gotículas de água das torres de resfriamento do ar condicionado ou com aerosolização nos chuveiros dos pacientes, e subsequentemente pode ser inalado por pacientes em risco de infecção.

O número de organismos presentes no ar da sala vai depender do número de pessoas que ocupam a sala, da quantidade de atividade e da taxa de troca de ar. As bactérias recuperadas das amostras de ar geralmente consistem em cocos Gram-positivos originários da pele. Elas podem atingir grandes números se dispersas por uma lesão infectada, particularmente uma lesão esfoliante da pele infectada. No entanto, como as escamas de pele contaminadas são relativamente pesadas, não permanecem suspensas no ar por muito tempo. As bactérias gram-negativas são geralmente encontradas no ar apenas quando associadas a aerossóis de fluidos contaminados, e tendem a morrer ao secar.

As gotículas projetadas do trato respiratório superior infectado podem conter uma grande variedade de microrganismos, incluindo vírus, e muitas infecções podem ser disseminadas por esta via (ou seja, vírus respiratórios, influenza, sarampo, varicela, tuberculose). Na maioria dos casos, estas são disseminadas por grandes gotículas, e uma dose infecciosa raramente se deslocará mais do que alguns metros do paciente de origem. Varicella-zoster (varicela), tuberculose e alguns outros agentes, no entanto, podem ser transmitidos por grandes distâncias em núcleos de gotículas.

Ventilação

Ar fresco filtrado, devidamente circulado, irá diluir e remover a contaminação bacteriana transportada pelo ar. Também elimina os odores. As taxas de ventilação desejáveis, expressas em mudanças de ar por hora, variam de acordo com a finalidade de uma determinada área. Áreas hospitalares de alto risco (salas cirúrgicas, berçários, unidades de terapia intensiva, oncologia e unidades de queimaduras) devem ter ar com o mínimo de contaminação bacteriana.

- Sistemas de ventilação adequados requerem projeto e manutenção adequados para minimizar a contaminação microbiana. Todas as entradas de ar exterior devem ser localizadas o mais alto possível acima do nível do solo; as entradas devem estar afastadas das saídas de ventilação, incineradores ou pilhas de caldeiras.

- Dentro das salas, a localização das entradas e saídas de ar influencia o movimento do ar. As entradas altas na parede ou teto e as saídas baixas na parede permitem que o ar limpo se mova para baixo através da área em direção ao piso contaminado, onde é removido através do baixo escapamento. Este padrão é para todas as áreas onde os pacientes de alto risco recebem cuidados, e em áreas sujeitas a forte contaminação.

- Os filtros utilizados nos sistemas de ventilação devem cumprir os padrões para a atividade de atendimento ao paciente da área. Filtros de alta eficiência devem ser fornecidos em áreas de alta temperatura servindo áreas onde os pacientes são particularmente suscetíveis a infecções (unidades de hematologia/oncologia) ou onde alguns procedimentos clínicos sujeitam os pacientes a riscos incomuns (por exemplo, procedimento cirúrgico, particularmente transplante).

- A inspecção e manutenção regular de filtros, humidificadores e grelhas no sistema de ventilação deve ser realizada e documentada.

- Torres de resfriamento e umidificadores devem ser inspecionados e limpos regularmente para evitar a aerossolização de bactérias e vírus.

- O zoneamento dos sistemas aéreos pode confinar o ar de um departamento apenas a esse departamento.

- Um projeto que permite que a pressão do ar controle o movimento do ar para dentro ou para fora de uma sala ou área específica controlará a disseminação da contaminação. A pressão de ar positiva é recomendada para áreas que devem estar tão limpas quanto possível. Ela é obtida fornecendo mais ar para uma área do que pode ser removido pelo sistema de ventilação de exaustão. Isto produz um fluxo de saída em torno de portas e outras aberturas, e diminui a entrada de ar de áreas mais contaminadas. A pressão de ar negativa é recomendada para áreas contaminadas e é necessária para o isolamento de pacientes com infecções disseminadas pela via aérea. Isso é conseguido fornecendo menos ar à área do que pode ser removido pelo sistema de ventilação. A pressão de ar negativa produz um influxo em torno das aberturas e reduz o movimento de ar contaminado para fora da área. Para uma pressurização eficaz do ar, todas as portas devem ser mantidas fechadas, excepto as entradas e saídas essenciais.

Qualidade do ar das salas de operações

Os blocos operatórios modernos que cumprem os padrões de ar actuais estão praticamente livres de partículas maiores que 0,5 µm (incluindo bactérias) quando não há pessoas no bloco operatório. A actividade do pessoal da sala de operações é a principal fonte de bactérias transportadas pelo ar, que se originam principalmente da pele dos indivíduos que se encontram na sala. As salas de operação convencionais são ventiladas com 20 a 25 mudanças por hora de ar filtrado de alta eficiência, fornecido em fluxo vertical. Os sistemas de ar particulado de alta eficiência (HEPA) removem bactérias com diâmetro superior a 0,5 a 5 µm e são utilizados para obter ar livre de bactérias a jusante. O bloco operatório está normalmente sob pressão positiva em relação aos corredores circundantes, para minimizar o influxo de ar para o bloco.

Os factores que influenciam a contaminação do ar em salas de operações são:

1. Tipo de cirurgia

2. Qualidade do ar fornecido

3. Taxa de troca de ar

4. Número de pessoas presentes no bloco operatório

5. Movimento do pessoal da sala de cirurgia

6. Nível de conformidade com as práticas de controlo de infecções

7. Qualidade do vestuário do pessoal

8. Qualidade do processo de limpeza

Ar ultra-limpo

- Para minimizar as partículas transportadas pelo ar, o ar deve ser circulado para dentro da sala com uma velocidade de pelo menos 0,25 m/seg através de um filtro de ar particulado de alta eficiência (HEPA), que exclui as partículas de tamanho definido. Se as partículas de 0,3 microns de diâmetro e maiores forem removidas, o ar que entra na sala estará essencialmente limpo e livre de contaminantes bacterianos.

- Este princípio tem sido aplicado em laboratórios de microbiologia, farmácias, unidades especiais de cuidados intensivos e salas cirúrgicas.

Os trabalhadores dos laboratórios de microbiologia utilizam exaustores unidireccionais especiais de fluxo de ar para manusear culturas microbianas. Estas são particularmente úteis para certas culturas altamente infecciosas. As hottes deste tipo protegem o trabalhador individual, bem como o ambiente do laboratório, da contaminação pela via aérea. Capuzes similares são usadas em farmácias para prevenir a contaminação por ar de fluidos estéreis quando os recipientes são abertos. Por exemplo, ao adicionar um antibiótico a um recipiente de solução de glucose estéril para uso intravenoso, ou ao preparar fluidos para hiperalimentação parenteral.

Nas unidades de terapia intensiva têm sido usadas unidades de fluxo laminar no tratamento de pacientes imunossuprimidos. Para salas de cirurgia, um sistema unidirecional de fluxo de ar limpo com um tamanho mínimo de 9 m2 (3 m x 3 m) e com uma velocidade do ar de pelo menos 0,25 m/s, protege o campo operacional e a mesa de instrumentos. Isto garante a esterilidade do instrumento durante todo o procedimento. É possível reduzir os custos de construção e manutenção dos blocos operatórios posicionando tais sistemas em um espaço aberto, com várias equipes operacionais trabalhando em conjunto. Isto é particularmente adaptado à cirurgia de alto risco, como ortopedia, cirurgia vascular ou neurocirurgia.

Água

As características físicas, químicas e bacteriológicas da água utilizada nas instituições de saúde devem cumprir os regulamentos locais. A instituição é responsável pela qualidade da água uma vez que entra no edifício. Para usos específicos, a água retirada de uma rede pública deve frequentemente ser tratada para uso médico (tratamento físico ou químico).

Água para beber

A água para beber deve ser segura para ingestão oral. Normas nacionais e recomendações internacionais definem critérios apropriados para água potável. A menos que um tratamento adequado seja fornecido, a contaminação fecal pode ser suficiente para causar infecção através da preparação dos alimentos, lavagem, cuidados gerais dos pacientes e até mesmo através da inalação de vapor ou aerossóis. Mesmo a água que esteja em conformidade com os critérios aceitos pode transportar microrganismos potencialmente patogênicos. Os organismos presentes na água da torneira têm sido frequentemente implicados em infecções nosocomiais. Estes microrganismos têm causado infecções em feridas (queimaduras, feridas cirúrgicas), vias respiratórias e outros locais (equipamento semi-crítico, como endoscópios lavados com água da torneira após terem sido desinfectados).

Alguns microrganismos que causam infecções nosocomiais transmitidas pela água são: Pseudomonas aeruginosa Aeromonas hydrophilia Burkholderia cepacia Stenotrophomonas maltophilia Serratia marcescens Flavobacterium meningosepticum Acinetobacter calcoaceticus Legionella pneumophila e outras Mycobacteria: Mycobacterium xenopi Mycobacterium chelonae, Mycobacterium avium-intracellularae.

As Legionella spp. vivem em redes de água quente onde a temperatura promove o seu desenvolvimento dentro de fagosomas protozoários; os arejadores de torneira facilitam a proliferação destes e de outros microrganismos, tais como Stenotrophomonas maltophilia. Equipamentos que utilizam água da torneira podem ser um risco nas instituições de saúde: máquinas de gelo, unidades dentárias, instalações de lavagem de olhos e ouvidos, etc. A água utilizada para flores e água benta também tem sido implicada em infecções nosocomiais.

Banhos

Os banhos podem ser utilizados tanto para a higiene (pacientes, bebés) como para fins específicos de cuidados (queimaduras, reabilitação em piscinas, litotripsia). O principal agente infeccioso nos banhos é a Pseudomonas Aeruginosa. Pode causar foliculite (geralmente benigna), otite externa, que pode tornar-se grave sob certas condições (diabetes, imunossupressão), e infecções de feridas.

As infecções virais também podem ser transmitidas em banhos comunais em contacto com superfícies contaminadas. Também podem ser transmitidas infecções parasitárias, como criptosporidiose, giardíase e amebíase, e micoses, especialmente Candida. Os regulamentos nacionais para piscinas e banhos públicos são a base para as normas das instituições de saúde. Protocolos para a desinfecção de equipamentos e materiais devem ser escritos, e a adesão a essas práticas deve ser monitorada. Os pacientes infectados devem ser impedidos de utilizar banhos comuns. Os potenciais pontos de entrada de organismos que possam causar infecção em pacientes, tais como dispositivos percutâneos, devem ser protegidos com pensos oclusivos à prova de água.

Água farmacêutica (médica)

Existem parâmetros físicos, químicos, bacteriológicos e biológicos que devem ser cumpridos para a água utilizada para fins médicos. As águas farmacêuticas incluem:

- Água purificada: água esterilizada utilizada para a preparação de medicamentos que normalmente não precisam de ser esterilizados, mas devem ser isentos de pirogénios.

- água utilizada para preparações injectáveis, que deve ser esterilizada

- água de diluição para hemodiálise.

No caso da diálise, a contaminação pode induzir infecções (bactérias que passam do dialisado para o sangue) ou reacções febris devido às endotoxinas pirogénicas da degradação das membranas das bactérias Gram-negativas. O CDC recomenda que a água para hemodiálise contenha:

- menos de 200 coliformes/ml para água utilizada para diluição

- menos de 2000 coliformes/ml para o dialisado.

Os níveis de organismos no dialisado devem ser monitorizados uma vez por mês. As recomendações de coliformes podem ser revistas para baixo com melhorias na produção de água, uso de membranas de diálise com melhor permeabilidade e aumento do conhecimento do papel dos produtos bacterianos nas complicações da diálise a longo prazo. Novas técnicas (hemofiltração, filtração de hemodiálise on line) requerem diretrizes mais rígidas para diluição da água e para soluções de hemodiálise.

Monitoramento microbiológico da água

Os regulamentos para análise da água (a nível nacional para água potável, na Farmacopeia para águas farmacêuticas) definem critérios, níveis de impurezas e técnicas de monitorização. Para a utilização de água para a qual não existem regulamentações, os parâmetros devem ser apropriados para o uso planejado e as necessidades dos usuários (incluindo fatores de risco para os pacientes).

Os métodos utilizados para a monitorização devem ser adequados ao uso. Os métodos bacteriológicos, médicos e bioquímicos não são necessariamente adaptados às análises ambientais, e podem levar a conclusões falsamente tranquilizadoras. Dois pontos que devem ser considerados para os ecossistemas aquáticos são: biofilme, nível de stress para o microrganismo (nutrientes, exposição a agentes antibacterianos físicos ou químicos).

Biofilme

O biofilme consiste em microorganismos (mortos ou vivos) e macromoléculas de origem biológica, e acumula-se como um gel complexo nas superfícies dos condutos e reservatórios. É um ecossistema dinâmico com uma grande variedade de organismos (bactérias, algas, leveduras, protozoários, nematódeos, larvas de insectos, moluscos) a começar pela matéria orgânica biodegradável da água. Este biofilme é um reservatório dinâmico para microrganismos. Os organismos individuais podem ser libertados para a circulação através da tosquia na superfície do biofilme ou através do impacto mecânico das vibrações (tais como podem ocorrer durante a construção). Os testes bacteriológicos podem nem sempre fornecer estimativas reais de contaminação devido à presença de agentes como desinfetantes.

Alimentos

Qualidade e quantidade de alimentos são fatores-chave para a convalescença dos pacientes. Assegurar uma alimentação segura é um serviço importante na prestação de cuidados de saúde.

Agentes de infecções de origem alimentar

A intoxicação alimentar bacteriana (gastroenterite aguda) é uma infecção ou intoxicação manifestada por dor abdominal e diarreia, com ou sem vómitos ou febre. O início dos sintomas pode variar de menos de uma a mais de 48 horas após a ingestão de alimentos contaminados. Normalmente, é necessário um grande número de organismos que crescem activamente nos alimentos para iniciar sintomas de infecção ou intoxicação. A água, o leite e os alimentos sólidos são todos veículos de transmissão.

Intoxicação alimentar

A frequência das doenças de origem alimentar está a aumentar. Isto pode ser devido à crescente complexidade no manuseio moderno de alimentos, particularmente na restauração em massa, bem como ao aumento da importação de produtos alimentícios potencialmente contaminados de outros países. Para que os indivíduos desenvolvam intoxicações alimentares, o número de organismos nos alimentos deve ser de nível suficiente. Também deve haver nutrientes, umidade e calor adequados para que a multiplicação de organismos ou a produção de toxinas ocorra entre a preparação e o consumo dos alimentos.

Muitas práticas inadequadas de manipulação de alimentos permitem a contaminação, sobrevivência e crescimento de bactérias infectantes. Os erros mais comuns que contribuem para os surtos incluem:

- preparação de alimentos com mais de meio dia de antecedência das necessidades

- armazenamento à temperatura ambiente

- refrigeração inadequada

- reaquecimento inadequado

- utilização de alimentos processados contaminados (carnes e aves cozidas, tortas e refeições de take-away) preparados em locais diferentes daqueles em que os alimentos foram consumidos

- mal cozido

- contaminação cruzada de alimentos crus a cozinhados

- contaminação por manipuladores de alimentos.

Os pacientes hospitalares podem ser mais susceptíveis a infecções transmitidas por alimentos e sofrer consequências mais graves do que as pessoas saudáveis. Assim, os elevados padrões de higiene alimentar devem ser mantidos. Um sistema de vigilância hospitalar deve ser capaz de identificar precocemente potenciais surtos alimentares e, em caso de suspeita de um surto, deve ser iniciada a investigação e o controlo imediato do mesmo.

As seguintes **práticas de preparação de alimentos** devem ser seguidas como política hospitalar, e rigorosamente seguidas:

- Manter uma área de trabalho limpa.

- Separar alimentos crus e cozinhados para evitar contaminação cruzada.

- Utilizar técnicas de cozedura apropriadas e seguir recomendações para prevenir o crescimento de microrganismos nos alimentos.

- Manter uma higiene pessoal escrupulosa entre os manipuladores de alimentos, especialmente a lavagem das mãos, uma vez que as mãos são a principal via de contaminação.

- O pessoal deve trocar de roupa de trabalho pelo menos uma vez por dia, e manter o cabelo coberto.

- Evite manusear alimentos na presença de uma doença infecciosa (constipação, gripe, diarreia, vómitos, garganta e infecções cutâneas), e reporte todas as infecções.

Outros **fatores importantes para o controle de qualidade dos alimentos** são:

- Os alimentos comprados devem ser de boa qualidade, e bacteriologicamente seguros.

- As instalações de armazenamento devem ser adequadas e corresponder aos requisitos para o tipo de alimento.

- A quantidade de bens perecíveis não deve exceder um montante correspondente a um dia de consumo.

- Produtos secos, conservas e conservas devem ser armazenados em armazéns secos, bem ventilados, e os estoques devem ser girados.

- O armazenamento e preparação de alimentos congelados deve seguir as instruções do produtor, e ser mantido a temperaturas de pelo menos -18 °C (-0,4 °F); não voltar a congelar.

- O ambiente do sistema de restauração deve ser lavado frequente e regularmente com água da torneira e detergentes apropriados (e/ou desinfetantes).

- As amostras de alimentos preparados devem ser armazenadas durante um período de tempo especificado, para permitir a sua recuperação para testes caso ocorra um surto.

- Os manipuladores de alimentos devem receber instruções contínuas sobre práticas seguras.

Resíduos

O lixo sanitário é um reservatório potencial de microrganismos patogénicos e requer um manuseamento adequado. O único resíduo que é claramente um risco de transmissão de infecção, no entanto, é o material cortante contaminado com sangue. As recomendações para a classificação e manuseio de diferentes tipos de resíduos devem ser seguidas.

Definição e **classificação** de resíduos:

Os resíduos dos cuidados de saúde incluem todos os resíduos gerados por estabelecimentos de saúde, instalações de pesquisa e laboratórios. Entre 75% a 90% desses resíduos são resíduos sem risco ou resíduos "gerais" de cuidados de saúde, comparáveis aos resíduos domésticos. Isto provém das funções administrativas e domésticas dos estabelecimentos de saúde. Os restantes 10-25% dos resíduos de cuidados de saúde são considerados perigosos e podem criar alguns riscos para a saúde. Os resíduos infecciosos são suspeitos de conterem agentes patogénicos (bactérias, vírus, parasitas ou fungos) em concentrações ou quantidades suficientes para causar doenças em hospedeiros susceptíveis.

Categorias de resíduos dos cuidados de saúde

Sr. Não	Categoria de Resíduos	Descrição e Exemplos
1	Resíduos infecciosos	Resíduos suspeitos de conterem patógenos, por exemplo, culturas laboratoriais; resíduos de enfermarias de isolamento; tecidos (esfregaços), materiais ou equipamentos que tenham estado em

		contacto com pacientes infectados; excrementos
2	Resíduos patológicos	Tecidos ou fluidos humanos, por exemplo, partes do corpo; sangue e outros fluidos corporais; fetos
3	Sharps	Resíduos afiados, por exemplo, agulhas; conjuntos de infusão; bisturis; facas; lâminas; vidro partido
4	Resíduos Farmacêuticos	Resíduos que contenham fármacos, por exemplo, fármacos que tenham expirado ou já não sejam necessários; artigos contaminados por fármacos ou que contenham fármacos (garrafas, caixas)
5	Resíduos citotóxicos	Resíduos contendo substâncias com propriedades genotóxicas, por exemplo, resíduos contendo medicamentos citostáticos (frequentemente utilizados em terapia do cancro); produtos químicos genotóxicos
6	Resíduos químicos	Resíduos que contenham substâncias químicas, por exemplo, reagentes de laboratório; filme de desenvolvimento de operações; desinfectantes que tenham expirado ou que já não sejam necessários; solventes.
7	Resíduos com alto teor de metais pesados	Baterias; termómetros partidos; medidores de pressão sanguínea; etc. Recipientes pressurizados; Cilindros de gás; cartuchos de gás; latas de aerossóis

Resíduos radioactivos:

Resíduos contendo substâncias radioativas, por exemplo, líquidos não utilizados de radioterapia ou pesquisa laboratorial; vidros contaminados, embalagens ou papel absorvente; urina e excrementos de pacientes tratados ou testados com radionucleotídeos não selados; constituem resíduos radioativos em instalações de um hospital/ laboratório.

Resíduos de fontes seladas:

- resíduos de cirurgias e autópsias em pacientes com doenças infecciosas (por exemplo, tecidos e materiais ou equipamentos que tenham estado em contacto com sangue ou outros fluidos corporais)

- resíduos de pacientes infectados em enfermarias de isolamento (por exemplo, excrementos, curativos de feridas infectadas ou cirúrgicas, roupas muito sujas com sangue humano ou outros fluidos corporais)

- resíduos que tenham estado em contacto com doentes infectados em hemodiálise (por exemplo, equipamento de diálise, como tubos e filtros, toalhas descartáveis, batas, aventais, luvas e batas de laboratório)

- animais infectados de laboratórios

- quaisquer outros instrumentos ou materiais que tenham sido contaminados por pessoas ou animais infectados.

Manuseamento, armazenamento e transporte de resíduos de cuidados de saúde

Todas as práticas de eliminação de resíduos devem cumprir os regulamentos locais. As seguintes práticas são recomendadas como um guia geral para o manuseio, **armazenamento e transporte** de resíduos de cuidados de saúde:

- Por razões de segurança e económicas, as instituições de saúde devem organizar uma recolha selectiva de resíduos hospitalares, diferenciando entre resíduos médicos, resíduos gerais e alguns resíduos específicos (instrumentos cortantes, resíduos altamente infecciosos, resíduos citotóxicos).

- Os resíduos de cuidados gerais de saúde podem ser eliminados no fluxo de resíduos domésticos.

- Os cortes devem ser recolhidos na fonte de utilização em recipientes à prova de perfuração (normalmente de metal ou plástico de alta densidade) com tampas encaixadas. Os recipientes devem ser rígidos, impermeáveis e à prova de perfurações. Para desencorajar abusos, os recipientes devem ser à prova de manipulação (difíceis de abrir ou quebrar). Quando os recipientes de plástico ou metal não estiverem disponíveis ou forem demasiado caros, recomenda-se a utilização de recipientes de cartão denso, estes dobram para facilitar o transporte e podem ser fornecidos com um revestimento de plástico.

- Os sacos e outros recipientes utilizados para resíduos infecciosos devem ser marcados com o símbolo internacional de substância infecciosa.

- Os resíduos infecciosos dos cuidados de saúde devem ser armazenados num local seguro com acesso restrito.

- Os resíduos microbiológicos de laboratório devem ser esterilizados por autoclavagem. Devem ser embalados em sacos compatíveis com o processo: são recomendados sacos vermelhos, adequados para autoclavagem.

- Os resíduos citotóxicos, a maioria dos quais é produzida nos principais hospitais ou instalações de pesquisa, devem ser coletados em recipientes fortes e à prova de vazamentos, claramente rotulados como "Resíduos citotóxicos".

- Pequenas quantidades de resíduos químicos ou farmacêuticos podem ser recolhidas juntamente com resíduos infecciosos.

- Grandes quantidades de fármacos obsoletos ou fora de prazo armazenados em enfermarias ou departamentos hospitalares devem ser devolvidos à farmácia para serem eliminados. Outros resíduos farmacêuticos gerados nas enfermarias, tais como medicamentos derramados ou contaminados, ou embalagens contendo resíduos de medicamentos, não devem ser devolvidos devido ao risco de contaminação da farmácia; devem ser depositados no recipiente correcto no ponto de produção.

- Grandes quantidades de resíduos químicos devem ser embaladas em recipientes resistentes a produtos químicos e enviadas para instalações de tratamento especializadas. A identidade dos produtos químicos deve ser claramente marcada nos recipientes: os resíduos químicos perigosos de diferentes tipos nunca devem ser misturados.

- Os resíduos com elevado teor de metais pesados (por exemplo, cádmio ou mercúrio) devem ser recolhidos e eliminados separadamente.

- Os recipientes pressurizados podem ser recolhidos com resíduos de cuidados gerais de saúde uma vez que estejam completamente vazios, desde que os resíduos não sejam destinados à incineração.

- Os resíduos infecciosos de baixa radioactividade (por exemplo, esfregaços, seringas para diagnóstico ou uso terapêutico) podem ser recolhidos em sacos ou recipientes amarelos para resíduos infecciosos, se estes se destinarem à incineração.

- O pessoal de saúde e outros trabalhos hospitalares devem ser informados sobre os perigos relacionados com os resíduos dos cuidados de saúde e treinados em práticas apropriadas de gestão de resíduos.

- Informações adicionais sobre recolha, manuseamento, armazenamento e eliminação de resíduos de cuidados de saúde, bem como questões de protecção pessoal e formação, são fornecidas num documento referenciado.

CAPÍTULO: 6

Controle de Infecções

A.   Organização

O microbiologista irá muitas vezes encontrar-se a tomar parte activa no trabalho de prevenção nos hospitais como parte de uma organização com duas asas funcionais: uma comissão para formular uma política para todo o hospital em assuntos que tenham implicações para o controlo da infecção, e uma equipa de trabalhadores, chefiada por um responsável pelo controlo da infecção, para assumir a responsabilidade diária pela implementação desta política. A constituição desses órgãos, o papel de pessoas específicas neles e o tempo que cada pessoa deve dedicar ao trabalho de controle de infecções dependerá do tamanho e natureza do hospital e da prática organizacional local ou nacional. As funções que precisam ser desempenhadas podem, no entanto, ser especificadas.

- **O comitê** deve incluir membros do pessoal médico, de enfermagem e administrativo que tenham autoridade para determinar a política e tomar as decisões necessárias. O responsável pelo controle de infecções e o microbiologista sênior devem ser ambos membros. O trabalhador de campo pode ser um membro. Especialistas de engenharia, limpeza, farmácia, serviços de esterilização ou unidade de enfermagem também podem ser incluídos no comitê. O comitê deve se reunir regularmente, embora não necessariamente com frequência, e deve tomar decisões sobre os princípios relevantes que são vinculativos para todos os departamentos hospitalares.

- **A equipa** deve incluir, no mínimo, um membro sénior (de preferência médico) que actue como responsável pelo controlo de infecções, um trabalhador de campo (em todos os hospitais excepto nos mais pequenos) e um microbiologista.

Em hospitais pequenos o microbiologista pode agir como agente de controlo de infecções; em hospitais grandes um membro especialmente treinado do seu pessoal pode fazê-lo. Em alguns países é habitual que um epidemiologista com formação médica de pós-graduação relevante em microbiologia seja nomeado como oficial de controlo de infecções a tempo inteiro nos hospitais maiores. Em outros países, o agente de controlo de infecções é geralmente um microbiologista ou clínico que actua a tempo parcial nesta qualidade; nesta situação, a contribuição de um trabalhador de campo a tempo inteiro é ainda mais importante. Os trabalhadores de campo são geralmente enfermeiros de ambos os sexos que receberam formação especial. Qualquer que seja a sua posição formal no hospital, eles devem ter permissão para desenvolver laços de trabalho estreitos com o pessoal do laboratório.

As funções da equipa de controlo de infecções incluem a vigilância e controlo diários da infecção e o acompanhamento das práticas de higiene, o aconselhamento da comissão de controlo de infecções em questões de política relacionadas com a prevenção de infecções e a participação contínua na educação, tanto formal como em serviço, de todas as categorias de pessoal no desempenho dos procedimentos em termos de segurança microbiológica.

Vigilância:

A detecção e caracterização de doenças microbianas no hospital será impossível, a menos que a equipe de controle de infecções colha informações de várias fontes.

Registos de laboratório:

Estas são uma importante fonte de informação, mas mesmo nas melhores condições não se pode esperar que revelem todas as infecções, e muitas vezes é difícil, a partir das informações fornecidas com as amostras, distinguir entre infecção clínica e transporte. No entanto, estes registos devem ser escrutinados diariamente por um membro superior do pessoal do laboratório, que deve chamar a atenção da equipa de controlo de infecções para resultados significativos. Estes também devem ser registrados em alguma forma de exibição visual que os relacione com a localização dentro do hospital dos pacientes suspeitos de estarem infectados.

Registros clínicos:

Pode ser estabelecido um sistema regular pelo qual os clínicos ou enfermeiros seniores registam todos os pacientes que se pensa estarem a sofrer de uma doença microbiana, quer se pense ou não que esta tenha sido adquirida no hospital. Para este fim, as definições padrão das doenças a serem registradas devem ser acordadas com antecedência e explicadas ao pessoal. Deve ser dada alta prioridade à coleta de dados clínicos e laboratoriais sobre infecções, mas como isso será feito dependerá das circunstâncias locais. A informação clínica pode ser transmitida à equipa de controlo de infecções em formulários, obtidos através de visitas periódicas às enfermarias, ou uma combinação destes pode ser utilizada. Se forem utilizados formulários, uma breve notificação de todas as infecções é enviada à equipa e o trabalhador de campo visita a enfermaria para recolher informação mais completa de todas as infecções ou de infecções significativamente agrupadas, de acordo com a disponibilidade de recursos. A principal fraqueza destes métodos é a comunicação incompleta por parte do pessoal da ala. Alternativamente, o trabalhador de campo pode visitar todos os departamentos regularmente para recolher informações. Se tiverem sido estabelecidas boas relações pessoais com o pessoal da ala, este sistema funciona bem e as visitas às alas também podem ser usadas para actividades de monitorização e educação. Quando é impraticável para o trabalhador de campo visitar todos os departamentos a intervalos frequentes, a equipe deve estabelecer um sistema de prioridades entre as alas. As visitas feitas apenas quando o pessoal da ala as solicita, dificilmente resultarão em vigilância adequada.

A recolha regular de informação a partir destas fontes deve dar informações precoces sobre surtos de infecção. É também de algum valor para a avaliação retro-específica de alterações a longo prazo no padrão de infecção em departamentos hospitalares individuais. No entanto, estas devem ser interpretadas com cautela porque as taxas de infecção variam muito em diferentes classes de pacientes e em pacientes sujeitos a diferentes procedimentos. As comparações sequenciais só são válidas se estes factores forem conhecidos como constantes.

As comparações entre as taxas de sepse bruta em diferentes departamentos e hospitais diferentes são enganosas. Se feitas, elas devem ser calculadas para pacientes comparáveis submetidos a procedimentos similares, mas isso geralmente é impraticável como uma rotina contínua. Levantamentos transversais periódicos de todos os pacientes de um pital ou grupo de hospitais podem produzir informações valiosas se for possível coletar e analisar informações suficientemente detalhadas sobre seu terreno clínico, mas isso deve ser feito em populações muito grandes por uma equipe especialmente treinada.

Monitorização Microbiológica

A maioria dos pacientes em certos departamentos hospitalares já está muito doente e as consequências clínicas da infecção acrescida são difíceis de avaliar. Nestes casos pode ser necessário confiar principalmente em evidências laboratoriais para detectar situações potencialmente perigosas. Pode ser necessária alguma forma de monitoramento contínuo dos pacientes por meio de microbio-lógica. Para que o laboratório possa dedicar recursos suficientes a esta actividade morosa, o número de departamentos nos quais a monitorização é efectuada deve ser o mais reduzido possível e o programa de amostragem deve ser selectivo.

B. Uso de antimicrobianos e resistência antimicrobiana

Após a descoberta e o uso generalizado de sulfonamidas e penicilina em meados do século XX, os anos entre 1950 e 1970 viram uma "era dourada" de descoberta de antimicrobianos. Muitas infecções que antes eram graves e potencialmente fatais podiam agora ser tratadas e curadas. No entanto, estes sucessos encorajaram o uso excessivo e indevido de antibióticos. Atualmente, muitos microorganismos tornaram-se resistentes a diferentes agentes antimicrobianos e, em alguns casos, a quase todos os agentes. As bactérias resistentes podem causar aumento de morbilidade e morte, particularmente entre pacientes com doenças subjacentes significativas ou que são imunocomprometidos. A resistência aos agentes antimicrobianos é um problema tanto na comunidade como nas unidades de saúde, mas nos hospitais a transmissão de bactérias é amplificada devido à população altamente susceptível.

A resistência e a sua propagação entre bactérias é geralmente o resultado de uma pressão antibiótica selectiva. As bactérias resistentes são transmitidas entre os pacientes, e os factores de resistência são transferidos entre bactérias, ambos ocorrendo mais frequentemente em ambientes de cuidados de saúde. O uso contínuo de agentes antimicrobianos aumenta a pressão de seleção favorecendo o surgimento, multiplicação e propagação de cepas resistentes. O uso inadequado e descontrolado de agentes antimicrobianos, incluindo sobreprescrição, administração de doses subótimas, duração insuficiente do tratamento e diagnósticos errados que levam a uma escolha inadequada do medicamento, contribuem para isso. Em ambientes de cuidados de saúde, a propagação de organismos resistentes é facilitada quando a lavagem das mãos, as precauções de barreira e a limpeza do equipamento não são ideais. O surgimento de ance de repouso também é favorecido pela subdosagem devido à escassez de antibióticos, onde a falta de laboratórios microbiológicos resulta em prescrição empírica, e onde a falta de agentes alternativos compõe o risco de fracasso terapêutico.

Antimicrobianos comumente usados por classe

Classe		Antibióticos
Aminoglycosides		Estreptomicina, canamicina, tobramicina, gentamicina, neomicina, amikacina Beta-lactams
Penicilinas		Benzilpenicilina (penicilina G), penicilina procaina-benzilina, penicilina benzatina, fenoximetilpenicilina (penicilina V), ampicilina, amoxicilina, meticilina, cloxacilina
Penicilina/beta		amoxicilina/ácido clavulânico, inibidores da lactamase piperacilina/tazobactama
Cephalosporins	1ª geração	cefalexina, cefalotina

	2ª geração	cefuroxima, cefoxitina, cefaclor
	3ª geração	cefotaxima, ceftriaxona, ceftazidima
Outros beta-lactâmicos		Aztreonam
Carbapenems		Imipenem, meropenem
Glicopéptidos		Vancomicina, teicoplanina
Macrolides/azólidos		Eritromicina, oleandomicina, espiramicina, claritromicina, azitromicina
Tetraciclinas		Tetraciclina, clortetraciclina, minociclina, doxiciclina, oxitetraciclina
Quinolones		Ácido nalidíxico, ciprofloxacina, norfloxacina, pefloxacina, esparfloxacina, fleroxacina, ofloxacina, levofloxacina, gatifloxacina, moxifloxacina
Oxazolidinona		linezolida
Streptogramin		Quinupristina/dalfopristina
Outros		Bacitracina, cicloserina, novobiocina, spectinomicina, clindamicina, nitrofurantoína

Uso apropriado de antimicrobianos

Cada unidade de saúde deve ter um programa de uso de antimicrobianos. O objetivo é assegurar uma prescrição econômica eficaz para minimizar a seleção de microorganismos resistentes. Esta política deve ser implementada através do Comitê de Uso de Antimicrobianos.

- Qualquer uso de antibióticos deve ser justificável com base no diagnóstico clínico e nos microrganismos infectantes conhecidos ou esperados.

- As amostras apropriadas para exame bacteriológico devem ser obtidas antes de iniciar o tratamento com antibióticos, para confirmar que o tratamento é apropriado.

- A seleção de um antibiótico deve ser baseada não apenas na natureza da doença e do(s) agente(s) patogênico(s), mas no padrão de sensibilidade, tolerância do paciente e custo.

- O médico deve receber atempadamente informações relevantes sobre a prevalência de resistência nas instalações.

- Deve ser utilizado um agente com um espectro tão estreito quanto possível.

- As combinações antibióticas devem ser evitadas, se possível.

- O uso de antibióticos selecionados pode ser restrito.

- A dose correta deve ser usada. Doses baixas podem ser ineficazes no tratamento de infecções, e encorajar o desenvolvimento de estirpes resistentes. Por outro lado, doses excessivas podem ter efeitos adversos aumentados, e não impedir a resistência.

Geralmente, um curso de antibióticos deve ter uma duração limitada (5-14 dias), dependendo do tipo de infecção. Existem indicações selecionadas para cursos mais longos. Como regra geral, se um antibiótico não tiver sido eficaz após três dias de terapia, o antibiótico deve ser interrompido e a situação clínica deve ser reavaliada.

Terapia

A terapia antimicrobiana empírica deve ser baseada em uma avaliação clínica cuidadosa e em dados epidemiológicos locais sobre patógenos potenciais e suscetibilidade a antibióticos. As amostras apropriadas para coloração de Gram, cultura e, se disponíveis, testes de sensibilidade devem ser obtidos antes de iniciar a terapia. A terapia selecionada deve ser eficaz, limitar a toxicidade e ser do espectro mais estreito possível. A escolha das formulações antimicrobianas parenterais, orais ou tópicas é feita com base na apresentação clínica (local e gravidade da infecção). A administração oral é preferida, se possível. As combinações de antibióticos devem ser utilizadas selectivamente e apenas para indicações específicas, como endocardite enterocócica, tuberculose e infecções mistas. O médico deve decidir se a terapia antibiótica é realmente necessária. Em pacientes com febre, diagnósticos não-infecciosos devem ser considerados.

Quimioprofilaxia

A profilaxia antibiótica só é utilizada quando está documentado que tem benefícios que superam os riscos. Algumas indicações aceites incluem:

- profilaxia cirúrgica selecionada

- profilaxia de endocardite.

Quando a quimioprofilaxia é apropriada, os antibióticos devem ser iniciados por via intravenosa dentro de uma hora antes da intervenção. Muitas vezes é mais eficiente encomendar uma terapia dada na chamada para o bloco operatório ou no momento da indução da anestesia. Na maioria dos casos, a profilaxia com uma única dose pré-operatória é suficiente. O regime selecionado depende do(s) patógeno(s) predominante(s), do padrão de resistência no serviço cirúrgico, do tipo de cirurgia, da meia-vida sérica do antibiótico e do custo dos medicamentos. A administração de antibióticos profiláticos por um período mais longo antes da operação é contraproducente, pois haverá um risco de infecção por um patógeno resistente. A profilaxia antibiótica não é um substituto para a prática cirúrgica asséptica apropriada.

Resistência antimicrobiana

As infecções nosocomiais são frequentemente causadas por organismos resistentes a antibióticos. Quando a transmissão desses organismos está ocorrendo no ambiente de saúde, medidas específicas de controle são necessárias. A restrição antimicrobiana também é uma intervenção importante.

Medidas de controlo de infecções:

Identificar reservatórios: Pacientes colonizados e infectados Contaminação ambiental

Pare a transmissão:

- Melhorar a lavagem das mãos e a assepsia Isolar os pacientes colonizados e infectados

- Eliminar qualquer fonte comum; desinfectar o ambiente

- Separar pacientes suscetíveis de infectados e colonizados

- Unidade próxima a novas admissões, se necessário

Modificar o risco do hospedeiro:

- Interromper factores comprometedores quando possível

- Controle o uso de antibióticos (girar, restringir ou descontinuar)

Controlo da resistência endémica aos antibióticos:

- Assegurar o uso adequado de antibióticos (escolha ótima, dosagem e duração da terapia antimicrobiana e quimioprofilaxia com base em política hospitalar definida de antibióticos, monitoramento e resistência a antibióticos, e diretrizes atualizadas sobre antimicrobianos).

- Protocolo do Instituto (diretrizes) para procedimentos de controle intensivo de infecções e fornecer instalações e recursos adequados, especialmente para lavagem das mãos, precauções de barreira (isolamento), e medidas de controle ambiental.

- Melhorar as práticas de prescrição de antimicrobianos através de métodos educativos e administrativos.

- Limitar o uso de antibióticos tópicos.

MRSA (Staphylococcus aureus resistente à meticilina)

Algumas cepas de Staphylococcus Aureus resistente à meticilina (MRSA) têm uma facilidade particular para a transmissão nosocomial. As cepas de MRSA são frequentemente resistentes a vários antibióticos, além das penicilinas e cefalosporinas resistentes à penicilina, e ocasionalmente são sensíveis apenas à vancomicina e à teicoplanina. As infecções por MRSA são semelhantes às causadas por cepas sensíveis de S. Aureus, por exemplo, infecções de feridas, infecções das vias respiratórias inferiores e urinárias, septicemia, infecções de locais para dispositivos invasivos, feridas de pressão, queimaduras e úlceras. As infecções graves são mais comuns nos cuidados intensivos e noutras unidades de alto risco com doentes altamente sensíveis (por exemplo, queimaduras e unidades cardiotorácicas). Pode ocorrer disseminação de MRSA; cepas altamente transmissíveis tendem a se espalhar regionalmente e nacionalmente para muitos hospitais. Fatores que aumentam a probabilidade de aquisição de organismos resistentes são mostrados no quadro a seguir.

Fatores de risco dos pacientes para MRSA

- Possíveis locais de colonização ou infecção: nariz, garganta, períneo, pregas inguinais, vagina ou recto com menor freqüência; pele da área das nádegas em pacientes imóveis (lesões cutâneas superficiais, feridas de pressão, úlceras, dermatites); feridas e queimaduras cirúrgicas; dispositivos invasivos (cateteres intravasculares e urinários, tubos de estoma, tubos de traqueostomia).

- Estadia prolongada no hospital.

- Pacientes idosos, particularmente com mobilidade reduzida, imunossupressão ou antibioticoterapia prévia.

- Pacientes em unidades especiais, por exemplo, unidade de terapia intensiva (UTI) e queimaduras ou hospitais de referência.

- Transferências frequentes de pacientes e pessoal entre alas ou hospitais.

- Uso excessivo de antibióticos na unidade.

- Sobrelotação de pacientes.

- Falta de pessoal.

- Instalações inadequadas para a lavagem das mãos e isolamento apropriado.

Cada hospital desenvolverá a sua própria política antibiótica, geralmente incluindo a classificação de agentes antimicrobianos nas seguintes categorias:

- sem restrições (eficaz, seguro e barato, por exemplo, penicilina benzílica)

- restrito ou reservado (para ser usado apenas em situações especiais por profissionais selecionados com experiência, para infecções graves, com padrão particular de resistência, etc.)

- excluídos (preparações sem benefício adicional a outras alternativas menos dispendiosas).

O Comitê de Uso Antimicrobiano será normalmente um subcomitê do Comitê de Farmácia e Terapêutica.

O papel do laboratório de microbiologia

O laboratório de microbiologia tem um papel importante na resistência antimicrobiana. Isto inclui:

- Realizar testes de susceptibilidade aos antibióticos de isolados microbianos aprovados, de acordo com os padrões

- determinar que antimicrobianos são testados e relatados para cada organismo

- fornecer testes antimicrobianos adicionais para isolados resistentes a se-lected, conforme solicitado

- participar nas atividades do Comitê de Uso Antimicrobiano

- monitorar e relatar tendências na prevalência de resistência bactério-terial a agentes antimicrobianos

- fornecer apoio microbiológico para investigações de grupos de organismos resistentes

- notificar imediatamente o controle da infecção sobre quaisquer padrões incomuns de resistência antimicrobiana em organismos isolados a partir de amostras clínicas.

Monitorização do uso de antimicrobianos

O uso de antimicrobianos nas instalações deve ser monitorado. Isto é normalmente realizado pelo departamento de farmácia e deve ser reportado atempadamente ao Comité de Utilização de Antimicrobianos e ao Comité Médico Consultivo. Elementos específicos a serem monitorados incluem a quantidade de diferentes antimicrobianos utilizados durante um determinado período e as tendências da utilização de antimicrobianos ao longo do tempo. Além disso, a utilização de antimicrobianos em áreas específicas dos pacientes, como as unidades de terapia intensiva ou as unidades de hematologia/oncologia, deve ser analisada.

Para além da monitorização do uso de antimicrobianos, devem ser realizadas auditorias intermitentes para explorar a adequação do uso de antimicrobianos. Estas auditorias devem ser realizadas sob os auspícios do Comité de Utilização de Antimicrobianos. O uso de antimicrobianos a ser auditado será baseado nas alterações observadas no uso de antimicrobianos, resistência antimicrobiana de organismos ou preocupações com resultados deficientes dos pacientes. Os médicos que estão cuidando dos pacientes devem participar do planejamento da auditoria e da análise dos dados. Antes da realização da auditoria, uma série de diretrizes apropriadas para o uso de antimicrobianos deve ser desenvolvida e aprovada pela equipe médica. Uma auditoria gráfica para determinar até que ponto os antimicrobianos prescritos cumprem estes critérios é então realizada. Se os critérios não tiverem sido cumpridos, devem ser identificadas as razões para uma utilização inadequada.

C.   Prevenção de infecções do pessoal

Os profissionais de saúde correm o risco de contrair uma infecção por exposição profissional. Os funcionários do hospital também podem transmitir infecções a pacientes e outros funcionários. Assim, deve existir um programa para prevenir e gerir as infecções no pessoal hospitalar. A saúde dos funcionários deve ser revista no momento do recrutamento, incluindo o histórico de imunização e exposições anteriores a doenças transmissíveis (por exemplo, tuberculose) e o estado imunológico. Algumas infecções anteriores (por exemplo, o vírus varicella-zoster [VZV]) podem ser avaliadas por testes serológicos.

As imunizações recomendadas para o pessoal incluem: hepatite A e B, influenza anual, sarampo, papeira, rubéola, tétano, difteria. A imunização contra a varicela pode ser considerada em casos específicos. O teste cutâneo Mantoux documentará uma infecção prévia por tuberculose e deve ser obtido como uma linha de base.

Exposição ao vírus da imunodeficiência humana (HIV)

A probabilidade de infecção pelo HIV após uma lesão com seringas de um paciente HIV positivo é de 0,2% a 0,4% por lesão. A redução do risco deve ser feita para todos os patógenos transmitidos pelo sangue, inclusive:

- adesão às precauções padrão (de rotina) com proteção adicional de barreira, conforme apropriado

- utilização de dispositivos de segurança e um sistema de eliminação de agulhas para limitar a exposição a agulhas cortantes

- formação contínua para os profissionais de saúde na prática segura de afiação.

Fatores associados a uma maior probabilidade de aquisição profissional de infecção pelo HIV após uma lesão incluem:

- lesão profunda (intramuscular)
- sangue visível no dispositivo de ferimento
- dispositivo de injecção usado para entrar num vaso sanguíneo
- paciente fonte com elevada carga viral
- agulha de furo oco

Devem ser fornecidas informações sobre medidas preventivas a todo o pessoal com potencial exposição a sangue e produtos sanguíneos. As políticas devem incluir o rastreio dos pacientes, a eliminação de material cortante e resíduos, vestuário de protecção, gestão de acidentes de inoculação, esterilização e desinfecção.

A política hospitalar deve incluir medidas para obter prontamente testes serológicos dos pacientes de origem, quando necessário. A profilaxia pós-exposição deve ser iniciada dentro de quatro horas após a exposição. O uso de medicamentos anti-retrovirais pós-exposição é recomendado. A combinação de medicamentos anti-retrovirais, zidovudina (AZT), lamivudina (3TC) e indinavir é actualmente recomendada, mas devem ser seguidas directrizes locais ou nacionais, se disponíveis.

Uma amostra de sangue deve ser obtida para teste de HIV do profissional de saúde assim que possível após a exposição, e em intervalos regulares para documentar uma possível seroconversão. Os profissionais de saúde devem ser informados sobre a apresentação clínica da síndrome retroviral aguda, semelhante à mononucleose aguda, que ocorre em 70% a 90% dos pacientes com infecção aguda pelo HIV, e relatar imediatamente qualquer doença que ocorra dentro de 3 meses após a lesão.

Uma exposição ocupacional pode ocorrer a qualquer momento: aconselhamento, testes e tratamento devem, portanto, estar disponíveis 24 horas por dia. O acompanhamento de uma exposição ao HIV deve ser padronizado, com repetidas investigações serológicas por até um ano.

Exposição ao vírus da Hepatite B

As estimativas da probabilidade de infecção pelo HBV por ferimento com seringas variam de 1,9% a 40% por ferimento. Com uma lesão aguda, a pessoa fonte deve ser testada no momento da exposição para determinar se está ou não infectada. A infecção do profissional de saúde pode ocorrer quando a detecção do antígeno de superfície da hepatite B (HBsAg) ou do antígeno e (HBeAg) é positiva na pessoa de origem.

Para indivíduos previamente imunizados com um anticorpo anti-HBs superior a 10 mlU/ml, não é necessário nenhum tratamento adicional. Para outros, a profilaxia consiste na injeção intramuscular de imunoglobulina da hepatite B e um curso completo de vacina contra a hepatite B. A imunoglobulina para a hepatite B deve ser administrada o mais rapidamente possível, de preferência dentro de 48 horas e, o mais tardar, uma semana após a exposição. A serologia pós imunização deve ser obtida para demonstrar uma resposta sorológica adequada. A hepatite Delta ocorre apenas em indivíduos com infecção pelo vírus da hepatite B, e é transmitida por vias semelhantes. As medidas preventivas contra a hepatite B também são eficazes para o agente delta.

Exposição ao vírus da Hepatite C

As vias de infecção são semelhantes às da hepatite B na fecção. Não há terapia pós-exposição para a hepatite C, mas a seroconversão (se houver) deve ser documentada. Quanto à infecção viral da hepatite B, a pessoa de origem deve ser testada quanto à infecção pelo VHC.

Infecção por Neisseria meningitidis

N. meningitidis pode ser transmitida através de secreções respiratórias. As infecções ocupacionais são raras, mas a gravidade da doença justifica uma quimioprofilaxia adequada para um contacto próximo entre os doentes e os profissionais de saúde. O contacto próximo é definido como o contacto directo boca-a-boca como nas tentativas de ressuscitação. A profilaxia recomendada inclui uma de: rifampicina (600 mg duas vezes por dia durante dois dias), uma dose única de ciprofloxacina (500 mg), ou uma dose única de ceftriaxona (250 mg) IM.

Mycobacterium tuberculosis

A transmissão ao pessoal hospitalar ocorre através de núcleos de gotículas de ar, geralmente de pacientes com tuberculose pulmonar. A associação do tubérculo com a infecção pelo HIV e a tuberculose multirresistente é atualmente uma grande preocupação. No caso de exposição aos cuidados de saúde, indivíduos com conversão de Mantoux após a exposição devem ser considerados para a profilaxia de isoniazida, dependendo das recomendações locais.

Outras infecções (varicela, hepatite A e E, gripe, coqueluche, difteria e raiva)

A transmissão destes microrganismos pode não ser comum, mas devem ser desenvolvidas políticas para gerir a exposição do pessoal. Recomenda-se a vacinação do pessoal hospitalar contra a varicela e a hepatite A. A vacinação contra a gripe deve ser realizada anualmente. A vacinação contra a Raiva pode ser apropriada em algumas instalações em países onde a Raiva é endêmica.

CAPÍTULO: 7

Métodos em Microbiologia Clínica

Os métodos especiais utilizados na investigação da infecção hospitalar, e para fins de vigilância e monitorização, são:

A. *Recolha e transporte de espécimes*

A coleta e transporte de espécimes pode expor o pessoal do hospital a infecções tanto do paciente como do espécime. Os espécimes mal recolhidos constituem um perigo para os trabalhadores do laboratório. As pessoas que recolhem amostras de sangue devem ser instruídas para evitar a expulsão forçada de sangue através de agulhas e, em certos casos, para usarem luvas. A sujidade do exterior dos recipientes deve ser evitada. Todas as amostras para exame microbiológico, e na verdade todas as amostras para transmissão ao laboratório, devem ser fechadas em recipientes impermeáveis; os formulários de pedido do laboratório não devem ser colocados nesses recipientes. Deve ser instituído um sistema especial de codificação de "perigo" para identificar amostras de pacientes conhecidos ou suspeitos de estarem infectados com agentes altamente patogénicos, especialmente o vírus da hepatite B. À chegada ao laboratório, todos os espécimes devem ser seleccionados numa área de laboratório designada, nunca no consultório, por pessoal especialmente treinado.

O laboratório hospitalar geralmente fornece os recipientes para onde as amostras dos pacientes são recolhidas; em qualquer caso, o microbiologista deve certificar-se de que estes são apropriados, estéreis e não constituem um perigo para o pessoal do laboratório. Devem ser de dimensões tais que o material (especialmente fezes e expectoração) possa ser colocado neles sem contaminar o exterior. Os recipientes não devem apresentar fugas. Os recipientes com tampa de rosca com um revestimento eficaz devem ser preferidos; as tampas de plástico "de encaixe" são perigosas de abrir. Devem ser feitos todos os esforços para garantir que os recipientes estejam livres de substâncias antimicrobianas. Alguns cantos de garrafas de borracha têm propriedades inibidoras. Alguns lotes de fibras de algodão, e fibras artificiais que foram esterilizadas por irradiação ou gases tóxicos, têm uma forte acção antibacteriana; isto também se aplica por vezes aos materiais de madeira e plástico utilizados na construção de cotonetes. Estes efeitos podem ser parcial ou totalmente neutralizados pela ebulição de fibras em solução salina fosfatada, pela impregnação de cotonetes com carvão em pó ou pela imersão de cotonetes em soro de cavalo antes da autoclavagem; os cotonetes mergulhados em soro podem inibir os vírus, mas os cotonetes mergulhados em albumina de soro bovino não o fazem. Alguns meios de transporte tendem a neutralizar a acção inibitória das zaragatoas.

A necessidade de evitar atrasos no transporte de espécimes para o laboratório é relativa e pode ser parcialmente contornada pelo uso de meios de transporte ou, em alguns casos, pela refrigeração. Os meios de transporte do tipo Stuart são, em geral, eficazes para a preservação da maioria das bactérias em esfregaços de feridas e membranas mucosas e são recomendados para a maioria dos fins. A transferência muito rápida para o laboratório é, em qualquer caso, necessária para obter o rendimento máximo de anaeróbios Gram-negativos não esportivos; alternativamente, os meios pré-reduzidos podem ser semeados à beira do leito. As culturas de sangue podem ser coletadas diretamente em frascos de meio, ou pode ser usado um tubo contendo polietil sulfonato de sódio; este último procedimento tem a vantagem de que vários tubos de meios de cultura apropriados podem ser semeados no laboratório e que o atraso moderado na transferência para o laboratório não é um assunto tão sério. Se não for fornecido um serviço de laboratório de 24 horas, o primeiro método é preferível. O microbiologista deve recomendar uma técnica adequada para a desinfecção preliminar da pele, e deve treinar o pessoal na sua utilização.

As culturas de urina devem ser semiquantitativas; o significado dos resultados obtidos está directamente relacionado com os cuidados tomados na recolha de amostras e as condições em que são transportadas para o laboratório. A cateterização para obter uma amostra de urina para fins de diagnóstico de rotina é agora inaceitável; a punção suprapúbica pode ser usada em casos selecionados, mas alguma forma de amostragem de "captura limpa" ou "meio fluxo" é o método de rotina mais comum.

O significado clínico das contagens obtidas desta forma depende da habilidade e cuidado exercidos pelo pessoal da ala na coleta dos espécimes. A técnica a ser utilizada deve ser especificada pelo microbiologista e descrita em uma folha de instruções claramente redigida. Sempre que possível, as amostras devem chegar ao laboratório dentro de cerca de uma hora após a colheita; se tal for impraticável, devem ser refrigeradas imediatamente após a colheita e enviadas para o laboratório em lotes de poucas em poucas horas. Se for provável que o tempo de trânsito exceda 1 hora, deve ser utilizada alguma forma de cultura imediata, como o "dip-slide".

B.   *Isolamento e identificação de patógenos*

O laboratório deve ser capaz de isolar e reconhecer todos ou a maioria dos organismos ou deve ter acesso a instalações para este fim em outro lugar. A identificação precisa é mais importante para algumas classes de organismos do que para outras. A identificação é essencial para os principais patógenos bacterianos, particularmente aqueles que podem ser transmissíveis, como S. aureus, os estreptococos agrupáveis -haemolíticos, pneumocococos e enterocococos, os clostridia patogênicos, as espécies de Proteus, etc; P. aeruginosa, P. cepacia e F. meningosepticum também devem ser reconhecidos. É muito menos importante para o paciente ou para fins epidemiológicos dedicar esforços à subclassificação dentro dos seguintes grupos, embora isto possa ser de interesse científico: outros estreptococos não hemolíticos, cocos anaeróbicos, bacilos não esportivos Gram-negativos, Candida, bolores. Os trabalhadores do laboratório devem, no entanto, estar sempre atentos ao aparecimento de microrganismos semelhantes mas não identificados em amostras de mais do que um paciente.

Algumas facilidades para o diagnóstico de infecções virais são essenciais, embora possa não ser possível fornecer muitas delas localmente. O serviço que será usado constantemente, e que deve ser descentralizado tanto quanto possível, é para o reconhecimento de casos e portadores de hepatite B. A rápida detecção eletrônica de vírus nas fezes em diarréia infantil está assumindo agora importância prática. O acesso ocasional, mas rapidamente disponível, aos serviços de diagnóstico da varíola, vacina e gripe é essencial, e para outras doenças virais uma vantagem. Os serviços de um laboratório micológico especializado para o diagnóstico de micoses sistêmicas são altamente desejáveis. Grande parte do diagnóstico de infecção bacteriana será realizado em meios não seletivos de uso geral, mas isso só será eficiente se houver pessoal técnico experiente na "linha de frente". Um sistema confiável de cultura anaeróbica deve estar disponível e ser mantido em uso constante. Se uma boa cultura anaeróbia "convencional" proporciona resultados óptimos para o isolamento de anaeróbios não esportivos Gram-negativos, ou se gabinetes anaeróbios especiais proporcionam resultados significativamente melhores, ainda está sujeita a controvérsia.

A microbiologia diagnóstica deve ser descentralizada tanto quanto possível para assegurar um contacto próximo e contínuo com o pessoal clínico, mas não tanto que não possa ser prestado um serviço completo; a unidade laboratorial deve ter tamanho suficiente para garantir o fornecimento de pessoal sénior adequado, de preferência sob a direcção de um licenciado em medicina. Em laboratórios hospitalares muito grandes, a subdivisão do trabalho em linhas técnicas de demarcação pode tender a obscurecer a visão do laboratório sobre a situação em departamentos hospitalares individuais ou do paciente individual. Isto pode ser contrariado por um chefe microbiologista activo e um trabalhador de campo eficiente. Uma solução alternativa para a organização do laboratório é formar equipes responsáveis pelas necessidades diagnósticas das seções do hospital.

O laboratório deve procurar fornecer um serviço de diagnóstico tão rápido quanto possível, fazendo pleno uso de um esquema acordado de relatórios provisórios. Este esquema deve ser totalmente explicado aos clínicos. Os exames microscópicos são frequentemente de grande valor no estabelecimento de um diagnóstico presuntivo rápido, líquido cefalorraquidiano em suspeitas de meningite ou exsudado de ferida em suspeitas de gangrena gasosa, por exemplo. Podem ter vantagens adicionais na iluminação dos resultados da cultura de, por exemplo, urina e expectoração. Por estas razões, alguns laboratórios fornecem um líquido conservante e pedem que seja colocada uma porção de amostras adequadas imediatamente após a colheita. Muitos hospitais esperam que os médicos façam exames laboratoriais simples durante a noite; em geral, os resultados destes não são satisfatórios. Um sistema de "plantão" laboratorial deve ser providenciado sempre que possível.

C. *Alguns métodos mais recentes para diagnóstico rápido*

	Método	Exemplo
1	Electronmicroscopia	Reconhecimento de vírus morfologicamente característicos (em lesões cutâneas ou fezes, por exemplo)
2	Imune electronmicroscopia, Imunofluorescência	Visualização de muitos vírus, bactérias, fungos ou agentes parasitas diferentes nos tecidos, fluidos corporais ou secreções
3	Contra-imunoelectroforese	Oetecção de antigénios virais (por exemplo, HBC), bacterianos (por exemplo, pneumocócicos, meningocócicos) e fúngicos (leveduras) em fluidos ou secreções corporais
4	Radioimunoensaio	Detecção de antigénios (por exemplo, HBC) no soro
5	Cromatografia de gás	Detecção de substâncias características de certas infecções em fluidos corporais; identificação de bactérias (por exemplo, anaeróbios)
6	Nefelometria. alteração de pH, radiometria, impedância elétrica, biolumnescência, microcalorimetria	

		Oetecção (e por vezes caracterização parcial) de microrganismos em fluidos normalmente estéreis, rastreio de populações bacterianas com mais do que uma determinada densidade (por exemplo, na urina), ou teste de sensibilidade aos antibióticos

CAPÍTULO: 8
Detecção de Portadoras

O isolamento de um microorganismo da superfície do corpo ou de uma secreção não indica necessariamente que seja "residente" no local amostrado; pode ser um contaminante de uma fonte externa ou de outro local na mesma pessoa. O significado de um determinado achado pode, portanto, depender do local amostrado, do número de microrganismos presentes e se o achado pode ser repetido. Tais decisões nem sempre são fáceis de tomar.

A.   Em investigações epidemiológicas

Ao investigar incidentes ou suspeitas de infecção, pode ser necessário procurar portadores do organismo causador entre pacientes de contato e pessoal. Um grande número de espécimes pode ter que ser processado em pouco tempo, e a detecção de pequenos números do organismo pode ser significativa. Quando um meio apropriado estiver disponível, ele pode ser usado exclusivamente. Os organismos mais procurados serão S. aureus, estreptococos hemolíticos agrupáveis, P. aeniginosa e várias enterobactérias em investigações de sepse; e salmonelas, shigellas, enteropatogênicas E. coli, em investigações de diarréia.

Os locais mais frequentemente amostrados incluem as narinas anteriores, a garganta, várias áreas de pele e a parte inferior do intestino. Os esfregaços humedecidos com caldo ou soro fisiológico são preferidos para o esfregaço nasal; ambos podem ser usados para a pele, mas o caldo contendo o detergente Triton X100 é preferível para estudos quantitativos sobre a pele normal. Na amostragem da flora intestinal, os esfregaços retais têm a vantagem da rapidez e da certeza de que a amostra vem da pessoa indicada, mas os isolamentos podem ser irregulares e um pouco dependentes da habilidade do operador; não devem ser utilizados na busca de portadores entéricos. As amostras fecais dão maiores taxas de isolamento, mas a sua obtenção pode atrasar a obtenção do resultado e há possibilidades de contaminação cruzada e substituição durante a colheita.

Amostragem para Staphylococcus aureus:

Devem ser colhidos esfregaços no nariz de todos os contactos, e os esfregaços devem ser colhidos de qualquer ferida, descarga, ferida cutânea ou erupção cutânea; pequenas áreas de eczema atópico ligeiro devem ser cuidadosamente procuradas e amostradas. Mesmo assim, faltarão alguns portadores; em adultos, estes serão principalmente portadores de pele perineal que têm esfregaços no nariz negativos. Geralmente é impraticável recolher esfregaços perineais de todos os contactos, mas isto deve ser feito nos principais suspeitos. Se isto for impossível, podem ser realizados testes de dispersão de estafilococos no ar ou o sujeito pode ser obrigado a tomar banho num grande saco plástico, após o que a água é examinada por filtração de membrana. Os esfregaços de mão produzem frequentemente pequenos números de estafilococos que foram adquiridos transitoriamente de fontes externas; por esta razão, a mão raramente é esfregada, a menos que esteja presente uma lesão. No entanto, o isolamento repetido da mesma estirpe estafilocócica da mão na ausência de transporte nasal pode, por vezes, indicar que o sujeito é um portador perineal. A carruagem nasal é muito menos comum do que a carruagem nasal, excepto, de acordo com alguns observadores, em bebés jovens. Ao investigar surtos de sepse estafilocócica entre recém-nascidos, tanto os esfregaços de nariz como de pele devem ser retirados de todos os contactos; o umbigo é o local preferido da pele.

Estudos quantitativos da flora cutânea podem ser necessários, não apenas em estudos da epidemiologia da infecção por S. aureus, mas também em investigações mais gerais sobre a transferência da infecção entre pessoas. Vários métodos de "contato" podem ser usados, como a aplicação de superfície de ágar ou até mesmo de um adesivo aveludado úmido na pele. Os resultados fornecem um "mapa" para a localização das áreas de pele contaminadas com o organismo procurado mas não dão uma medida precisa dos números presentes porque as bactérias são distribuídas irregularmente na pele como "micro-colónias". No entanto, a amostragem por contacto proporciona uma demonstração visual marcante dos microrganismos na pele e é, portanto, muitas vezes de valor educativo considerável. A "esparramação" dos dedos sobre uma superfície de ágar pode fornecer um método semiquantitativo útil para avaliar os efeitos dos desinfectantes cutâneos. Um resultado quantitativo mais verdadeiro pode ser obtido através da eluição da flora cutânea em líquido. Por exemplo, o fluido (de preferência caldo Triton X100) é colocado num cilindro aplicado sobre a pele; após uma esfoliação padrão com um pequeno pincel ou uma vareta de vidro, o fluido é removido e a contagem é feita por inoculação superficial, pour-plate, ou métodos de filtração por membrana. Com meios apropriados, estes métodos são aplicáveis a estudos quantitativos de qualquer constituinte da flora cutânea. Estudos semi-quantitativos da flora das narinas anteriores podem ser feitos pela eluição de bactérias a partir de esfregaços nasais.

Às vezes é valioso medir a capacidade de um portador para dispersar S. aureus ou outra flora cutânea no ar. Dispersores e não-dispersores não comeram classes distintas, portanto alguma forma de estimativa quantitativa é essencial. Isto pode ser feito colocando o sujeito num cubículo padrão e exigindo que ele realize uma actividade física acordada, como caminhar estacionário durante 1 min ou despir-se; um volume de ar medido é amostrado através de um amostrador de fendas ou as placas de assentamento são expostas. O local de dispersão pode ser revelado através da repetição dos testes com áreas particulares do corpo, por exemplo, a zona de banho, encerrada numa peça de vestuário de plástico bem ajustada. Os testes semi-quantitativos de dispersão pelos pacientes em quartos individuais podem ser feitos por amostragem do ar enquanto se realiza uma habitual operação padrão de confecção de camas.

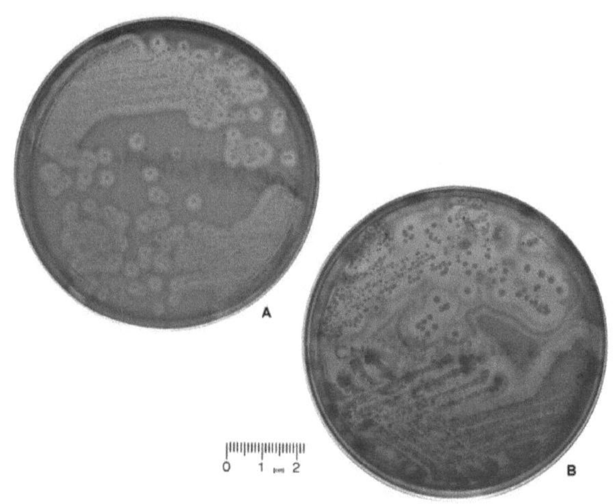

Amostragem para estreptococos agrupáveis-haemolíticos:

Para detectar estreptococos do grupo A devem ser tomados esfregaços de garganta e nariz e de qualquer ferida, corrimento ou lesão de pele. Os portadores de estreptococos geralmente excedem os portadores de nariz em número, mas os portadores de nariz podem ter esfregaços negativos na garganta e são epidemiologicamente muito importantes porque geralmente dispersam o organismo profusamente. A presença de estreptococos do grupo A na saliva também tem sido tomada como evidência de infecciosidade, mas o número de estreptococos na saliva é frequentemente pequeno e o efeito do atraso no transporte de esfregaços salivares no resultado da cultura é considerável; a amostragem directa por pipeta e semeadura imediata de placas tem sido recomendada.

As lesões cicatrizantes do estreptococo pioderma devem ser sempre amostradas com um esfregaço úmido; as crostas secas devem ser levantadas com um ponto de agulha antes da amostragem. Nas investigações de sepse neonatal e puerperal é essencial que, além dos esfregaços de nariz e garganta de contatos adultos, sejam colhidos esfregaços do umbigo de todos os bebês de contato. Os surtos de sepse cirúrgica e puerperal foram rastreados por um membro do pessoal hospitalar até ao transporte por via anal de estreptococos do grupo A. Estes portadores deram esfregaços negativos no nariz e garganta. Os portadores pert-anal de estreptococos foram detectados pelo isolamento inesperado da estirpe causal de um esfregaço de mão de um suposto não portador e há razões para acreditar que seriam detectados por testes de dispersão aérea, como os usados para S. aureus.

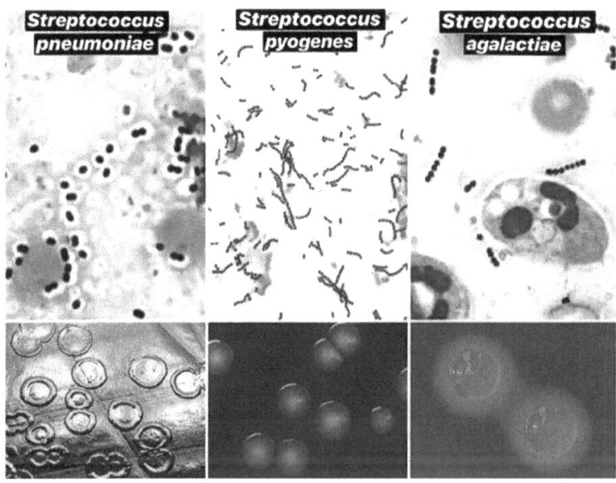

Nas investigações de infecção estreptocócica do grupo B em recém-nascidos, deve ser sempre examinado um esfregaço vaginal da mãe. Diz-se que o porte anal excede o porte vaginal em frequência. É de se esperar um porte de pele, umbigo e garganta considerável por recém-nascidos saudáveis no hospital; imediatamente após o nascimento, diz-se que os esfregaços dos canais auditivos externos dão o maior número de isolamentos.

Amostragem para Pseudomonas aeruginosa:

Normalmente, este organismo é facilmente reconhecido quando presente em grande número em placas de meios não selectivos, mas algumas estirpes não são pigmentadas e as colónias são atípicas. Este organismo pode estar presente no conteúdo intestinal de cerca de 15-30% dos pacientes hospitalizados, mas a infecção dos contactos desta fonte não parece ser comum. A sua presença em feridas, vagabundos, traqueostomia e estomas de ileostomia, e no tracto respiratório é provavelmente de maior importância e deve ser sempre procurada. O transporte intestinal por pessoal é menos frequente e provavelmente não é de grande importância. A presença do organismo nas mãos dos membros do bastão é comum, mas geralmente transitória, embora nem sempre se possa confiar na lavagem para remover todas as pseudo-mónadas das mãos. O transporte das mãos a longo prazo de uma única estirpe é detectado ocasionalmente, particularmente nos membros do bastão doméstico e outros cujas mãos estão húmidas durante longos períodos de tempo; está frequentemente associado a infecções crónicas à volta das unhas.

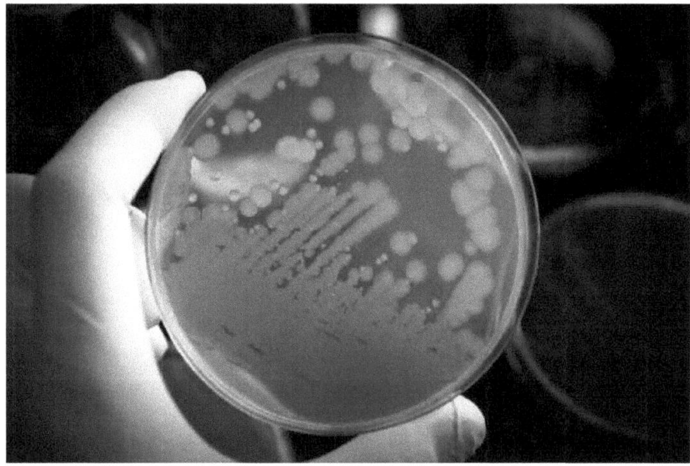

Pelo seu isolamento do ambiente, está disponível uma escolha de meios selectivos; a maioria destes meios incorpora cetrimida (cerca de 0,3% c/v). A isto pode ser adicionado ácido nalidíxico (0,02% cetrimida + ácido nalidíxico 15 pg/ml), nitrofurantoína, ou uma mistura de novobiocina, penicilina e ciclohexamida de acordo com a composição da flora contaminante esperada. Um sistema indicador seletivo alternativo é o cetrimida no meio King's B incubado estritamente a 37 C e depois examinado sob luz ultra-violeta; a maioria das colônias fluorescentes que se desenvolvem sob estas condições são de P. aeruginosa.

Amostragem para Enterobacteria

Exceto para Salmonella e Shigella, as enterobactérias são geralmente distinguidas umas das outras pelas aparências de suas colónias em um meio bílis-sal como o ágar MacConkey com ou sem a adição de açúcar. Os representantes de cada tipo de colónia reconhecível são sub-cultivados para posterior identificação por meio de uma série de testes bioquímicos. A ausência de meios selectivos ou indicadores para a maioria das espécies de enterobactérias individuais coloca um limite à informação quantitativa sobre a sua distribuição na flora corporal e no ambiente. Uma pequena informação pode ser obtida através da subcultura de colónias que aparecem na zona de inibição em torno de discos contendo antibióticos em placas de cultura primária.

Amostragem para clostridia

O ágar-yolk contendo 100 pg por ml de neomicina é adequado para isolar e enumerar C'. welchii do ar, pó e esfregaços de superfície. Para o reconhecimento rápido são úteis placas de "meia-antitoxina". A placa é primeiro seca, depois 3-4 gotas de C. welchii o-antitoxina são espalhadas por metade da placa. Se o clostridium for C. welchii ou C. bifermentanssordellii opacidade ao redor das colônias produtoras de lecitinas- é inibido na metade da placa contendo antitoxina.

O isolamento de C. tetani de esfregaços e materiais ambientais apresenta muitas vezes dificuldades. Devem ser criadas múltiplas culturas primárias. Estas devem incluir pelo menos dois tubos de caldo de carne cozida dos quais o ar tenha sido conduzido por imersão em água fervente. Depois de semear o material arrefecido (no fundo do tubo por meio de uma pipeta e sem bolhas de ar), metade dos tubos deve ser aquecida a 80°C durante 10 min. Placas de ágar sangue recém derramado, algumas contendo neomicina, devem ser semeadas, mas apenas num segmento de cada placa. As culturas de placas devem ser examinadas após 1 e 2 dias para uma borda de espalhamento de crescimento fino. Os caldos de enriquecimento devem ser subcultivados, cada um para um único segmento de uma placa de ágar sangue separada, diariamente durante 4 dias. Para obter culturas puras pode ser necessária uma subcultura em série repetida a partir da borda do crescimento de espalhamento. Um método alternativo é a subcultura em ágar sangue contendo 40 -60 unidades de antitoxinas comerciais de tétano por ml, nas quais os bacilos de tétano formam colónias discretas.

B.   Em programas de rastreio de rotina

Pessoal:

O exame de espécimes de membros saudáveis do pessoal que não são suspeitos de serem responsáveis por infecções entre os pacientes é raramente de valor imediato como medida preventiva, mas o seu desempenho ocasional para fins educacionais pode ser útil. No passado, era prática comum examinar para o grupo A esfregaços de garganta estreptococos de todos os membros do pessoal no seu primeiro ingresso num departamento de maternidade. Para ser eficaz, isto podia ser repetido com muita frequência. A opinião atual é que, em geral, as nunes são consideravelmente menos importantes que as pacientes como fontes de infecção estafilocócica e que os portadores só devem ser procurados quando a fonte da infecção estiver sob investigação.

O rastreio dos agentes patogénicos intestinais do pessoal da cozinha ainda é amplamente praticado, mas raramente é possível fazê-lo com a frequência suficiente. É difícil dizer se o rastreio inicial dos trabalhadores da cozinha para o transporte do tifo vale a pena; muitos hospitais favorecem uma política selectiva, rastreando apenas aqueles que residiram num país onde a febre entérica é comum ou cuja história passada sugere que podem ter tido esta doença. Em suma, é dada mais importância ao uso do serviço de saúde ocupacional do hospital para detectar pessoas com probabilidade de terem uma doença infecciosa, ou serem portadoras, do que ao rastreio de rotina.

Pacientes na admissão ao hospital:

Em vários momentos, tem sido praticada a triagem de novos participantes (geralmente crianças ou mulheres parturientes) para grupos, estreptococos, bacilos de difteria, ou enteropatógenos. O intervalo de tempo entre a admissão e o recebimento do resultado reduz muito o benefício a ser esperado de tais programas, e agora raramente são realizados. Se acompanhado por um breve período de 'manutenção' numa unidade de isolamento, um programa selectivo para o rastreio rápido de certas categorias de entrada na ala pode ter algumas vantagens.

CAPÍTULO: 9
Amostragem Ambiental

Objetivos

A amostragem do ambiente pode ser necessária por uma de três razões:

- para detectar reservatórios de micróbios que podem ser significativos num episódio actual de infecção,

- para monitorar os procedimentos de controle de infecção,

- para fins educacionais.

No primeiro caso o nosso objectivo é detectar uma determinada estirpe microbiana, mas a sua detecção não leva automaticamente à conclusão de que a infecção proveniente desta fonte contaminada foi responsável pelo surto. É experiência comum encontrar uma série de "fontes" ambientais alternativas, e a sua respectiva importância só pode ser avaliada através de um inquérito cuidadoso para estabelecer que a infecção de uma fonte e nenhuma outra poderia ter atingido um local susceptível em todos, ou na maioria, dos doentes infectados.

No segundo caso usamos a detecção de micróbios para revelar que um procedimento essencial não foi realizado de forma eficaz. Podemos detectar esta falha em termos do número total de organismos isolados, da presença de organismos potencialmente patogénicos ou da sobrevivência de um organismo de teste. Em geral, no entanto, recomendamos o uso de métodos bacteriológicos para monitorar os procedimentos apenas quando não há outro método adequado disponível.

O valor educativo da amostragem ambiental de rotina é uma questão de opinião. As "inspecções" bacteriológicas periódicas por uma equipa externa não são um sub-stituto para um programa educativo activo gerado no hospital; nunca devem ser feitas por uma equipa ligada ao fabricante de um determinado desinfectante ou outro produto comercial. No entanto, um programa selectivo de amostragem "educativo" ligado à instrução formal em técnicas de controlo de infecções é valioso, mas apenas se planeado para que os resultados bacteriológicos possam ser directamente relacionados com lapsos técnicos específicos ou surtos de infecção.

Dos muitos métodos disponíveis, os dois de uso mais comum dependem da deposição de partículas portadoras de bactérias na superfície de um meio ágar (cuja escolha, selectiva ou não, deve ser cuidadosamente ponderada; Métodos especiais para o isolamento de potenciais patogénicos em estudos epidemiológicos: Staphylococcus aureus) e contando o número de colónias que se desenvolvem após a incubação; a presença de uma colónia é tomada para indicar a deposição de uma partícula portadora de bactérias. As partículas transportadas pelo ar podem ser impactadas na placa por meio de um amostrador de fenda ou outra técnica e o número de colónias pode então ser relacionado com o volume de ar amostrado. Alternativamente, as partículas podem cair sobre a superfície de uma placa de meio. Uma vez que a maioria das partículas transportadas pelo ar que transportam estafilococos e estreptococos são escamas de pele dentro de uma faixa estreita de tamanhos (equivalente a uma esfera de 15 -25 horas de diâmetro), uma relação direta pode ser estabelecida entre a taxa de deposição de partículas portadoras de bactérias em uma superfície de ágar e o número de partículas por unidade de volume de ar. A seguinte fórmula aproximada, número de partículas portadoras de bactérias que se assentam em 1 m° de meio por minuto = número de tais partículas por 0,3 m, é assim uma forma fácil de converter as contagens de partículas assentadas de quase todas as bactérias que causam infecções sépticas em contagens de ar.

Detecção de S. aureus no ar

Volumes de ar de até 0,6 ^{m3} por minuto podem ser passados através de um amostrador com fenda, mas na maioria das condições taxas de fluxo mais baixas (0,03-0,2 ^{m3} por minuto) são mais apropriadas para a contagem total de bactérias em salas comuns. Para a contagem do número de partículas portadoras de S. aureus no ar dos quartos dos pacientes, um fluxo de 0,6 ^{m3} por minuto, com um tempo de exposição total de 1 h, é apropriado. Para obter números montáveis de S. aureus ou um diâmetro de 15 cm de expoente da placa de assentamento são necessários períodos seguros de cerca de 8 h nos quartos dos pacientes. O período de exposição pode ser reduzido se várias placas forem expostas na mesma área de enfermaria; um portador suspenso para várias placas é conveniente.

A alta contagem total de ar geralmente reflete a atividade física, a densidade populacional e a falta de ventilação, tudo isso pode ser facilmente detectado por meio de observação. Uma relação clara entre a contagem total de ar e o risco de infecção em quartos hospitalares nunca foi demonstrada, e há pouco propósito em fazer medições regulares disso.

As taxas de ventilação e a direcção do fluxo de ar nos blocos operatórios são facilmente medidas por meios físicos, mas mesmo quando estas são contagens totais de ar adequadas podem variar numa gama considerável, e as contagens elevadas são geralmente atribuíveis à presença de demasiadas pessoas no teatro e a movimentos excessivos de pessoas. Assim, embora as contagens totais de ar não sejam uma medida da eficiência da ventilação, elas detectam condições insatisfatórias no teatro. Estudos realizados em várias salas de operações sugerem que existe uma relação geral entre a contagem total de ar e o risco de infecção; quando as contagens estavam na faixa de 700-1800 por $^{m3\ havia}$ um risco significativo de infecção pelo ar, e quando estavam abaixo de 180 por m' o risco parecia ser pequeno. Em alguns estudos escandinavos, porém, onde os números estavam muito abaixo de 180 por m, a taxa de infecção hospitalar ainda era de cerca de 9%. Contagens da ordem de 2 por ^{m3} podem ser alcançadas através da ventilação por fluxo de ar direcionado, mas o efeito disso sobre as taxas de sepse é incerto.

Os padrões recomendados no Reino Unido são que o ar entregue no teatro pelo sistema de ventilação não deve conter mais de 1 unidade formadora de colónias de C. welchii ou S. aureus por 30 m e não mais de 35 partículas portadoras de bactérias por m. A contagem total de ar, medida durante um período de 5 minutos no teatro durante as operações cirúrgicas, não deve exceder 180 por m'.

A detecção de S. aureus no ar dos quartos dos pacientes e dos tres operatórios reflecte a quantidade de dispersão deste organismo pelos indivíduos. É um método útil para descobrir a presença de dispersores potencialmente perigosos, mas não como um procedimento de rotina. A admissão de um único dispersor pesado em um quarto de hospital com várias camas pode causar um aumento de 10 vezes na contagem de ar de S. aureus e isso seria facilmente detectável em placas de assentamento. Em blocos operatórios bem ventilados, no entanto, seria necessário um amostrador cortado para detectar todos os dispersores, excepto os mais pesados. O monitoramento regular dos teatros para detectar dispersores de S. aureus entre a equipe cirúrgica não é amplamente praticado; quando um membro da equipe fica sob suspeita, testes individuais de transporte e dispersão são apropriados.

Detecção de S. aureus nas Superfícies

Ao contrário do ar, que é misturado livremente e, portanto, uniformemente contaminado, as superfícies tendem a estar irregularmente contaminadas, e os resultados dos testes bacteriológicos sobre elas são difíceis de avaliar. A amostragem de rotina de superfícies em geral, tais como pisos, paredes e artigos de mobiliário que não estão em contacto directo com os pisos ou o pessoal, dão resultados que raramente podem ser relacionados com riscos definidos de infecção. Se forem feitas medições quantitativas ou semi-quantitativas de contaminação por unidade de superfície, a área deve ser suficientemente grande para minimizar o efeito da contaminação irregular.

Os testes para a presença de patógenos específicos em superfícies podem ter um propósito limitado. Quando um incidente de infecção tiver ocorrido, podem chamar a atenção para um lapso técnico, por exemplo, na higiene do equipamento de limpeza e no controlo de soluções desinfectantes. A chance de associar a contaminação ambiental com um defeito específico na técnica é maior quando o patógeno é um bacilo Gram-negativo; com cocos Gram-positivos é geralmente impossível distinguir entre a contaminação pela via aérea e a via de contato. A detecção de clostridia em superfícies frequentemente causa confusão e embaraço; o número de esporos de C. welchii no ar exterior torna quase inevitável que as superfícies sejam contaminadas. Mesmo na sala de operações, a habilidade do

microbiologista em isolar este organismo derrota muitas vezes os esforços
da equipa de limpeza mais eficiente.

Equipamentos e materiais

O comité de controlo de infecções terá estabelecido em pormenor a política
do hospital para garantir, tanto quanto possível, que os equipamentos e
outros materiais que entram em contacto com os doentes são
microbiologicamente seguros, e o microbiologista terá dado conselhos
nesta fase. O seu papel no acompanhamento da implementação desta
política é limitado, mas importante. Uma categoria de itens terá de ter sido
esterilizada; alguns deles serão descartáveis e foram esterilizados pelo
fabricante; outros serão esterilizados no hospital, seja pelo calor ou por
uma combinação de tratamento térmico e químico. Uma categoria separada
de itens será desinfectada (isto é, tornada livre de organismos vegetativos)
por calor ou por meios químicos.

Os seguintes princípios gerais são aplicáveis tanto à esterilização como à
desinfecção.

a)   O calor é preferível ao tratamento químico sempre que a natureza
     do item o torne possível.

b)   O aquecimento deve, sempre que possível, ser efectuado numa
     máquina programada e não numa que seja operada manualmente.

c)   O monitoramento físico ou químico do processo, seja de
     tratamento térmico ou químico, é preferível aos testes
     bacteriológicos porque os resultados estão imediatamente
     disponíveis.

O uso de monitoramento bacteriológico será, portanto, confinado a

1. processos para os quais não é praticável um monitoramento físico ou
   químico adequado

2. verificação inicial e posterior periódica de processos que estão
   sendo monitorados regularmente física ou quimicamente.

O exame de itens supostamente esterilizados ou desinfectados para
detecção de bactérias sobreviventes é um meio incerto de garantir que

foram adequadamente tratados; o exame de amostras bastante grandes de um lote ou carga revelará apenas erros grosseiros no processo. Os testes para a destruição de uma grande população de uma bactéria de teste são mais informativos. Estes são geralmente realizados através da impregnação de uma tira de papel ou do revestimento de uma tira de metal (ou capilares) com um número conhecido de esporos ou bactérias vegetativas. Estas tiras são colocadas dentro da carga de forma a serem submetidas às condições menos rigorosas possíveis, e podem ser montadas em "peças de teste" que simulam os objectos a serem tratados. Em alguns países foram especificadas as estirpes bacterianas apropriadas para uso como indicadores biológicos.

A monitorização bacteriológica pode ser utilizada nas seguintes circunstâncias.

- Esterilização por calor

   A esterilização térmica (autoclave, esterilização a ar quente) é rotineiramente controlada por medições de temperatura e pelo uso de produtos químicos sensíveis ao calor. Há um consenso geral de que os testes bacteriológicos devem ser realizados na colocação em funcionamento de um novo esterilizador, após modificações de engenharia, ou se a natureza da carga for muito alterada. Em alguns países, testes adicionais com indicadores biológicos são realizados periodicamente em autoclaves com o objetivo de detectar erros técnicos que podem não ter sido revelados pelo controle físico de rotina. Na Escandinávia e no Reino Unido, tiras de papel impregnadas com esporos de Bacillus stearothermophilus (NCTC 10003, por exemplo) são usadas para testar autoclaves. Preparações preparadas centralmente e oficialmente reconhecidas estão disponíveis para uso como indicadores biológicos na Escandinávia; preparações desidratadas de esporos de B. subtilis são usadas para testar a esterilização a ar quente porque a quantidade de umidade na célula bacteriana é decisiva para o resultado do processo de esterilização.

- Esterilização por vapor subatmosférico

A esterilização por vapor subatmosférico e formol pode ser monitorizada fisicamente pelos parâmetros físicos revelados pelas curvas de temperatura e pressão, mas as curvas são mais difíceis de interpretar do que as das autoclaves a vapor. Peças de teste feitas para simular o equipamento de furo estreito frequentemente esterilizadas por este meio e impregnadas com endosporos de, por exemplo, B. stearo-thermophilus ou B. subtilis devem ser incluídas com cada carga como uma rotina.

- A desinfecção por vapor subatmosférico pode ser igualmente monitorizada pela inclusão de peças de teste, mas estas devem ser impregnadas com uma estirpe de enterococos resistente ao calor.

- Desinfecção com água quente

É usado para artigos como alimentação infantil, louça de mesa, lavandaria e arrastadeiras e também para o tratamento "make-safe" de instrumentos cirúrgicos e equipamento anestésico antes de serem limpos. Sempre que possível, devem ser utilizados aparelhos programados, ou pelo menos um termómetro de registo; sem estes, tem de se confiar no registo cuidadoso do tempo e da temperatura de exposição por um operador responsável. Recomenda-se a monitorização periódica inicial e subsequente, utilizando peças de teste impregnadas com S. faecalis.

- Esterilização por óxido de etileno.

Este método só deve ser utilizado em grandes centros onde exista pessoal de supervisão qualificado. Os seus perigos, e a sua incompatibilidade com a irradiação gama, devem ser lembrados. Cada carga deve ser monitorizada bacteriologicamente. No Reino Unido, 10 peças de teste, cada uma contaminada com pelo menos [106] esporos de B. subfifis (NCTC 10073, por exemplo) distribuídos uniformemente através da carga, devem ser esterilizadas.

- Desinfecção química de equipamentos sensíveis ao calor.

Foram defendidos vários tratamentos químicos, mas nenhum é totalmente satislitctório, particularmente se o equipamento for complexo no design e incluir tubos de diâmetro estreito. Qualquer tratamento é susceptível de falhar, a menos que o equipamento tenha sido previamente limpo de forma adequada. Para máquinas respiratórias e certos tipos de etanol nebulizado de endoscópio, peróxido de hidrogênio (com detecção química de desinfetante residual), vapor de formol e glutaraldeído aquoso ou ácido peracético foram todos recomendados. O monitoramento bacteriano periódico é desejável em qualquer circunstância.

- Teste de utilização de desinfectantes de uso geral.

Muitos desinfetantes gerais comumente usados tendem a deteriorar ou a ser inativados por matéria orgânica ou plásticos. Bacilos Gram-negativos contaminantes podem se multiplicar em alguns fluidos e ser disseminados quando estes são aplicados em superfícies. A amostragem regular de soluções desinfetantes mantidas em uso - é fortemente recomendada.

- Amostragem de alimentos e produtos sanitários e farmacêuticos.

Várias outras substâncias que a experiência tem demonstrado estar contaminadas de tempos em tempos podem precisar de ser amostradas. Entre elas estão o leite humano, alimentos para bebês previamente analisados por fabricantes cujos produtos não são monitorados centralmente, sabonetes líquidos e outros detergentes, e certos produtos farmacêuticos. O problema real da amostragem é uma questão para decisão local.

CAPÍTULO: 10
Métodos de Digitação

Princípios

Estes métodos são usados para subdividir grupos de microrganismos, geralmente membros de uma espécie, com base em diferenças numa única classe de caracteres, por exemplo, a presença de certos antigénios, susceptibilidade a bacteriófagos, produção de, ou sensibilidade a, bacteriocinas. Quando os organismos diferem desta forma, assume-se que são epidemiologicamente distintos; assim, é possível eliminar infecções ou fontes de infecção que não são relevantes no incidente em investigação. Quando os organismos pertencem ao mesmo tipo (ou têm o mesmo padrão de tipagem), é tomada como evidência de parentesco epidemiológico. Nem sempre é verdade, nem a força da evidência a favor ou contra a relação das estirpes depende de duas características do sistema de tipagem utilizado.

1. **Discriminação.** Esta é a capacidade do sistema de dividir os organismos num grande número de tipos, nenhum dos quais é comum. O poder discriminatório de um sistema de digitação é inversamente proporcional à freqüência do tipo mais comum no total da população da espécie. O uso acrítico de sistemas de digitação com baixo poder de discriminação pode resultar na atribuição errada de infecções a fontes das quais elas não emanaram. Da mesma forma, se for encontrada uma alta proporção de linhagens não tipáveis, o sistema de digitação terá pouco valor.

2. **Reprodutibilidade.** A falta de reprodutibilidade tem o efeito contrário; a menos que seja reconhecida, pode resultar em isolados epidemiologicamente relacionados serem considerados "diferentes". Um sistema de tipagem totalmente reprodutível provavelmente não existe. Além das mudanças genéticas, variações fenotípicas podem ocorrer em clones de organismos no ambiente natural, e em alguns métodos de tipagem também existem variáveis técnicas incontroláveis. Em geral, os sistemas de tipagem baseados na posse

de um de uma série de antígenos alternativos (por exemplo, polissacarídeos tipo pneumocócicos) parecem ser mais estáveis do que os métodos nos quais são obtidas reações padrão (por exemplo, métodos de fago e bacteriocina). No entanto, os limites de variação, e a frequência com que a variação ocorre, podem ser estabelecidos empiricamente através do estudo de grandes grupos de isolados epidemiologicamente relacionados, como tem sido feito para o estafilococo.

Provisão de facilidades de digitação

Há poucas dúvidas de que a tipagem de certos organismos, por exemplo, S. aureus, tenha sido no passado muito utilizada em alguns grandes centros onde as instalações eram livremente disponíveis. A tipagem é um desperdício de recursos laboratoriais, a não ser que se formem por- com objectivos epidemiológicos claros.

É necessário dactilografar:

1. Em surtos ou suspeitas de infecção para definir a extensão do surto, detectar contatos sem sintomas e revelar os reservatórios ambientais do micróbio causador.

2. Em estudos contínuos em situações definidas para determinar com que frequência as infecções são disseminadas de diferentes maneiras e para avaliar as medidas preventivas.

3. Na monitorização contínua dos padrões de fago que surgem em enfermarias especiais, tais como unidades ortopédicas, obstétricas e de cuidados intensivos, de modo a poder reagir cedo quando existe uma tendência para a acumulação de padrões idênticos.

Em primeira instância, os resultados são necessários rapidamente, mas a necessidade de digitação é intermitente, e o uso de um método fácil, mesmo que não muito discriminatório, pode ser aceitável. Na segunda, a velocidade não é importante, a carga de trabalho é muitas vezes grande e de longa duração, e podem ser necessários métodos altamente discriminatórios. No terceiro, há uma exigência contínua de tipagem rápida de vários microrganismos diferentes e, portanto, pode ser necessário escolher métodos muito simples.

Para cobrir todas as eventualidades, o microbiologista hospitalar necessitaria de instalações para a tipagem de muitos microorganismos diferentes, mas alguns deles seriam utilizados com pouca frequência. Os recursos necessários para manter mesmo alguns poucos sistemas de tipagem em um laboratório são consideráveis e é pouco provável que estejam disponíveis, exceto nos centros maiores. Em geral, a tipagem deve ser feita o mais próximo possível do hospital individual, e devem ser encorajados esquemas de diversificação e cooperação regional e por área. A medida em que estes são praticáveis depende do tamanho da área que se espera que produza uma carga de trabalho que valha a pena para o teste e da disponibilidade de reagentes de dactilografia.

A falta de fornecimento de reagentes essenciais é o principal obstáculo para ampliar a disponibilidade de instalações de digitação. Vários exemplos disso são citados abaixo. Os fabricantes comerciais de reagentes de diagnóstico têm poucas probabilidades de aumentar muito a sua gama de produtos. Um maior apoio dos governos nacionais é, portanto, essencial para que as instalações de tipagem de todos os patógenos hospitalares mais importantes possam ser fornecidas onde quer que sejam necessárias. Este apoio deve, em primeira instância, tomar a forma de estabelecer centros nacionais de tipagem para os respectivos microrganismos, quando estes ainda não existem. Os centros nacionais envolvidos com os patógenos mais comuns devem estar equipados e ter pessoal para o fabrico de reagentes de tipagem, que devem ser distribuídos, de forma a poderem ser facilmente utilizados, a laboratórios seleccionados que forneçam um serviço de tipagem de área ou regional. Os centros preocupados com organismos menos comuns devem ser responsáveis pela prestação de um serviço de tipagem abrangente e rápido para todo o país.

Métodos de digitação

Vários métodos utilizados para a tipagem de bactérias importantes na infecção hospitalar são dados abaixo:

Bactérias: Staphylococcus aureus

Feitiçagem.

Sistema internacionalmente padronizado para digitação de linhagens humanas; discriminação boa; limites de reprodutibilidade bem definidos. Fagos disponíveis através de representantes nacionais; devolução local da digitação praticável se o fago líquido for fornecido por um centro nacional.

Tipagem serológica por aglutinação deslizante. Método 1 (Piloto)

Tipos definidos na presença de um único antigénio "determinante do tipo"; método 2 (Oeding): estirpes caracterizadas por padrão de antigénios detectados com soros de factor. Ambos os métodos são utilizados na Europa, mas não foi feita nenhuma tentativa séria para os comparar. Em surtos definitivos de infecção, ambos dão resultados em conformidade geral com os da fagotipagem. Os antissoros não estão disponíveis comercialmente e poucos países têm fontes de fornecimento nacionais.

Datilografia de antibióticos.

Muito usado por microbiologistas clínicos, mas pouco avaliado; discriminação "geral" deficiente e apenas uma minoria de estirpes com padrões de resistência únicos pode, portanto, ser reconhecida. Muitos determinantes de resistência em plasmídeos separados; estes tendem a ser perdidos individualmente, por isso a reprodutibilidade não é boa. Frequência de intenção de transferência de determinantes de resistência sob condições de campo não conhecidas.

"Resistograma" digitando por sensibilidade a produtos químicos empiricamente selecionados. A maioria dos marcadores são resistências a metais pesados; alguns deles são plasmídeos - determinados e podem ser perdidos. Reagentes facilmente disponíveis

Estafilococos e micrococos coagulósicos-negativos

Subdivisão primária por biotipagem, mas espécies ainda não claramente definidas. Existem pelo menos dois sistemas de fagotipagem para "S.

epidermidis"; os fagos tendem a ser difíceis de propagar e manter; pelo menos 3Wr de estirpes são indecifráveis

Groxp A estreptococos

A dactilografar. A aglutinação deslizante de suspensões tripsinizadas. Algumas reacções mono-específicas, que são reproduzíveis, e algumas reacções de padrão, que o são menos. Tipabilidade percentual alta, mas discriminação moderada. Soros disponíveis comercialmente e adequados para a maioria dos estudos de epidemias hospitalares.

M a dactilografar.

Reacção de precipitação entre o extracto ácido quente de estreptococo e o anti-soro. Reacções monoespecíficas: discriminatórias e reprodutíveis, mas a tipabilidade raramente ultrapassa os 507o de todas as estirpes. Soros difíceis de fazer e geralmente não disponíveis.

Estreptococos do Grupo B

Reacção de precipitação com extracto de ácido quente; apenas 5 tipos, e discrimina- ção portanto pobre. Sera não é difícil de fazer mas geralmente não está disponível.

Streptococcus faecalis

Reacção de precipitação com extracto de ácido quente; 11 tipos. Sera não difícil de fazer mas geralmente não disponível. Raramente têm sido utilizadas em estudos epidemiológicos.

Pneumococci

Tipagem capsular: reprodutível; discriminação adequada ou a maioria das finalidades em epidemiologia hospitalar. Dois conjuntos de números de tipo, o dinamarquês e o americano. Apenas uma fonte de soros de dactilografia na Europa.

Enterobactérias

Em geral, os grupos enterobacterianos são caracterizados pelas suas características bioquímicas e são mais convenientemente subdivididos ou "tipados" por meio da sua estrutura antigénica. Muitos destes sistemas de serotipagem são altamente discriminatórios. Portanto, se os antissoros estiverem disponíveis, a serotipagem é o método preferido. Os métodos de fagotipagem e bacteriocina são utilizados para a subdivisão de certos serotipos comuns. A antibiotipagem de enterobactérias e muitos outros bacilos Gram-negativos é um método pobre para estudar a propagação de estirpes bacterianas entre pacientes porque os determinantes da resistência plasmídica são rapidamente transferidos de estirpe para estirpe. Por outro lado, o estudo da propagação de plasmídeos identificáveis na flora dos pacientes pode fornecer informações valiosas sobre a consequência de políticas particulares de administração de antibióticos.

Escherichia coli.

Sistema serológico abrangente e altamente discriminatório baseado na detecção de antígenos O, K, e H. Gama completa de soros disponíveis em alguns centros nacionais; "conjuntos curtos" de O antisera preparados localmente por trabalhadores interessados. A tipagem "resistograma" tem sido defendida, mas não é altamente discriminatória.

Proteus mirabilis e P. vulgaris.

Sistema de tipagem serológica combinada (O + H) para estas duas espécies; altamente discriminante, mas soros pouco disponíveis. Alternativamente, existem vários sistemas de tipagem de fagos e pelo menos um método de tipagem bacteriocina; estes parecem ser menos discriminantes, mas podem ser adequados para fins epidemiológicos.

Bactérias: Pseudomonas aeruginosa

Tipagem serológica.

Pelo menos 5 sistemas de digitação "nacionais" com diferentes designações para essencialmente os mesmos tipos, cerca de 12-18 em número; um sistema de numeração internacional está pendente. Reprodutibilidade muito boa; discriminação pobre porque 2-3 tipos são comuns. Sera fácil de fazer; disponível comercialmente.

Datilografia bacteriocina.

Dois métodos "activos" bastante semelhantes, baseados na produção de piocinas pelas estirpes a digitar. Amplamente utilizado em centros locais, onde a rapidez dos resultados e a disponibilidade imediata dos reagentes é uma vantagem. A designação do tipo depende da reprodução exacta do padrão de tipagem, e isto não é invariável. Discriminação pobre; no entanto, útil para o reconhecimento precoce de surtos.

Dactilografia fago.

Foram descritos vários conjuntos de fagos; estes são fáceis de preparar mas não estão amplamente disponíveis fora dos centros nacionais. A reprodutibilidade é menos boa do que com Staphylococcus phage-typing, mas resultados aceitáveis obtidos através do uso de uma regra de "três grandes diferenças" na interpretação. Isto reduz consideravelmente a discriminação.

Métodos de digitação combinados.

A aplicação "hierárquica" de dois métodos de tipagem aumenta a discriminação; assim, a tipagem serológica pode ser seguida pela fagotipagem, sendo esta última de valor para subdividir as estirpes dentro de serótipos comuns.

CAPÍTULO: 11

Investigação e Controle de Surtos de Infecção

Apenas uma pequena proporção das infecções hospitalares faz parte de surtos definitivos, e estes devem ser reconhecidos prontamente. O início de alguns surtos é agudo e estes não podem escapar à atenção, mas outros podem ser facilmente perdidos, particularmente se os casos são poucos e dispersos, têm sintomatologia variável, e estão espalhados por vários dias. Um bom sistema de vigilância deve revelar os surtos mais definidos de infecção, mas em certos departamentos o aparecimento de uma situação potencialmente perigosa pode ser difícil de detectar apenas por razões clínicas; deve então ser colocada uma maior confiança na monitorização microbiológica dos pacientes.

Ação

É importante que os isolados microbianos dos casos iniciais estejam disponíveis para reavaliação quando se suspeita da existência de um surto. Portanto, o laboratório deve providenciar o armazenamento a curto prazo de todos os isolados de pacientes doentes ou de pessoal de patógenos potencialmente transmissíveis, tais como S. aureus, estreptococos agrupáveis, patógenos entéricos, P. aeruginosa e possivelmente de outros bacilos Gram-negativos. Os isolados podem ser convenientemente armazenados em encostas de ágar em uma série de caixas, uma para cada semana. Assim que houver suspeita de um surto, o conjunto relevante de isolados é montado para tipagem, seja no laboratório ou em algum outro centro designado.

A equipe de controle de infecção deve começar a acumular informações epidemiológicas o mais rápido possível, e certamente não deve esperar até que os resultados da digitação estejam disponíveis. Toda a informação deve ser escrita quando for obtida, de preferência em um formulário padrão; deve incluir, para todas as pessoas afetadas, a data de admissão e de início dos sintomas, localização no hospital e circunstâncias em comum. A equipe deve preparar uma avaliação preliminar da hora e local prováveis das infecções e das possíveis fontes e rotas de infecção. Isto deve ser apresentado imediatamente ao presidente da comissão de controlo de infecções, que decidirá se convoca uma reunião de parte ou da totalidade dessa comissão.

Investigações Bacteriológicas

Estas investigações devem ser iniciadas assim que as avaliações preliminares do surto tenham sido feitas. A sua natureza dependerá dos resultados desta avaliação, e concentrar-se-ão em pessoas e objectos no suposto local da infecção, embora isto possa não estar claramente estabelecido até mais tarde na investigação. É, portanto, sensato recolher numa fase inicial todos os espécimes que possam ser necessários e armazenar os que não forem examinados imediatamente. De acordo com as circunstâncias do surto e a natureza do micróbio causador, a atenção será centrada nos portadores humanos (em sepse estafilocócica e estreptocócica) e nos utensílios, aparelhos ou fluidos (em surtos explosivos de sepse devido a hastes Gram-negativas). Na investigação de surtos, precisamos de evidências epidemiológicas de que os pacientes infectados tiveram contato significativo com o objeto ou substância infectada. Da mesma forma, nem todos os portadores da estirpe infectante são fontes prováveis da infecção; alguns podem ser companheiros-vítimas.

Pondo um fim ao surto

O fim do surto é, de acordo com as circunstâncias, uma questão de tratamento ou remoção eficaz para isolar as pessoas infectadas (sejam casos ou portadores), destruir microorganismos que são fontes ambientais de infecção e detectar lapsos técnicos específicos no procedimento hospitalar. O papel do laboratório é principalmente o de realizar testes de remoção de pessoas infectadas e testes ambientais limitados.

Monitoramento contínuo

Uma pequena proporção de pacientes, principalmente em certos departamentos especiais como uma unidade de terapia intensiva, pode ser continuamente monitorizada para o aparecimento de microrganismos potencialmente perigosos. O número de locais corporais examinados será normalmente limitado por considerações práticas; serão escolhidos locais que possam revelar um perigo imediato para o paciente, estomas de traqueostomia, secreções respiratórias, locais de canulação, etc. Os objectivos são revelar uma frequência indevida de infecção ou contaminação nos locais e disseminação de estirpes particulares de microrganismos entre os pacientes.

Muitos dos microrganismos isolados pertencerão a espécies comuns, e o segundo destes objectivos só será alcançado se for possível uma digitação rápida destes organismos. Na ausência destas instalações, alguma ajuda pode ser ob- tada por uma comparação de espectros de resistência a agentes antimicrobianos.

Quando um patógeno potencial está sendo disseminado, muitas vezes não será possível remover as pessoas infectadas da unidade, ou mesmo isolá-las todas de forma eficaz, e a eliminação do patógeno dos pacientes pode se mostrar difícil. O principal valor da monitorização contínua, portanto, está em dirigir a atenção para os lapsos técnicos e para fontes ambientais não detectadas de infecção na unidade. A monitorização regular dos locais ambientais mais importantes deve fazer parte do programa geral de controlo de infecções do hospital; esta actividade deve ser intensificada e ampliada sempre que se verifique que surgiu uma situação indesejável numa determinada unidade.

Relatório

Um relato completo de todos os surtos deve ser preparado pela equipe de controle de infecção e discutido na próxima reunião da comissão de controle de infecção.

Processo de Controlo de Infecções

A comissão de controle de infecção de um hospital é responsável pela codificação da prática de prevenção de infecção no hospital, e o microbiologista deve estar preparado para dar conselhos à comissão sobre todos os principais tópicos onde as decisões são necessárias. Ao fazer isso, sua atitude deve ser sempre realista; se ele fizer recomendações que seus colegas clínicos saibam ser impraticáveis - é improvável que elas sejam aceitas e não é provável que ele seja solicitado a obter mais informações. A principal função do hospital é fornecer tratamento médico e cirúrgico, e a tentação de tomar precauções prévias desnecessariamente elaboradas deve ser resistida. A arte de conceber uma política eficaz de controlo de infecções é chegar a uma "mistura" óptima de precauções que podem, de facto, ser implementadas com os recursos materiais e o pessoal disponíveis, e convencer todos os interessados de que é praticável e que vale a pena.

Esta secção indica brevemente algumas das áreas onde pode ser solicitado o conselho do microbiologista e dá algumas indicações gerais dos princípios sobre os quais as decisões devem ser tomadas.

Equipando

Quando um novo hospital está a ser planeado, provavelmente estarão disponíveis muitos conselhos de fontes centrais e o papel do microbiologista local será fazer comentários detalhados sobre as implicações do plano para a higiene. Quando forem propostas modificações de um hospital existente, o microbiologista poderá ser chamado para produzir provas em apoio de melhorias ou modificações particulares em salas de cirurgia, cozinhas, etc., a adição de departamentos especiais, como unidades de cuidados intensivos e renais, ou o fornecimento de equipamento específico em enfermarias, lavadoras de roupas de cama ou arrastadeiras descartáveis, lavadoras de pratos, etc.

Esterilização e desinfecção

A primeira tarefa é fazer uma lista abrangente de todos os objetos e materiais que precisam ser tratados a fim de destruir microrganismos potencialmente patogênicos e decidir qual método é apropriado para cada organismo, onde e por quem o procedimento será realizado, e quais métodos serão usados para monitorá-lo. Os fatores a serem considerados incluem se a esterilidade absoluta é necessária ou se um processo de desinfecção, no qual apenas bactérias vegetativas e vírus são destruídos, é suficiente; se o objeto ou material pode ser esterilizado ou desinfetado pelo calor; e se não for esse o caso, que processo de desinfecção química é aceitável.

Nos grandes hospitais, as unidades centralizadas de esterilização térmica dos equipamentos estão sendo fornecidas com freqüência crescente; elas têm inúmeras vantagens. As circunstâncias locais determinam o tamanho e a função destas unidades. É prática comum a esterilização de instrumentos cirúrgicos e roupa de cama necessária nas salas de cirurgia a ser realizada no bloco operatório, de preferência numa "unidade de abastecimento estéril de teatro", podem ser fornecidos artigos padrão de equipamento estéril, pacotes de pensos e instrumentos, muitas vezes sob a forma de "kits" para procedimentos comuns, para alas e departamentos diferentes das salas de cirurgia de um "departamento central de abastecimento estéril". Um desses departamentos pode fornecer, convenientemente, vários hospitais vizinhos.

É indesejável que qualquer tipo de departamento de abastecimento esterilizado seja reponsável pela desinfecção de equipamentos ou aparelhos, e há um caso para estabelecer em cada grande secção de um grande hospital, sempre que possível, "unidades de descontaminação" para o tratamento de equipamentos médicos e de enfermagem, tais como respiradores, tendas de oxigénio, incubadoras de bebés, biberões de aspiração, tubos, etc.

A destruição de microrganismos por agentes químicos é muitas vezes incerta e geralmente difícil de monitorar. Os produtos químicos raramente devem ser usados quando a esterilização é o objectivo ou quando é possível um tratamento térmico. O óxido de etileno não é adequado para uso na maioria dos hospitais comuns; a maioria dos objetos sensíveis ao calor pode ser desinfetada com vapor a baixa temperatura ou esterilizada com vapor a baixa temperatura e formaldeído.

Há um consenso geral de que todos os objectos utilizados em comum que entram em contacto com as mucosas dos pacientes e certas categorias de objectos (por exemplo, a roupa) que apenas tocam na sua pele devem ser submetidos a alguma forma de desinfecção. Se, e em que circunstâncias, é necessário desinfectar superfícies em geral nos quartos dos hospitais (por exemplo, paredes, chão, mobiliário) está sujeito a controvérsia. No entanto, parece razoável restringir esta actividade a superfícies susceptíveis de serem tocadas frequentemente pelas mãos de pacientes ou pessoal, e desinfectar outras superfícies (por exemplo, pavimentos) apenas quando estas tenham sido manifestamente contaminadas com secreções humanas.

A desinfecção total das superfícies de uma sala anteriormente ocupada por um doente infeccioso é praticada raramente, e apenas para muito poucas doenças. Nessas circunstâncias, o formaldeído gasoso é liberado na sala selada sob condições de alta umidade. Para uma gama mais ampla de infecções, a desinfecção terminal por pulverização de um desinfectante líquido é praticada com mais frequência, mas a escolha do desinfectante não parece basear-se em nenhum princípio claro.

O uso indevido de desinfectantes líquidos pode introduzir riscos adicionais de infecção. Os organismos gram-negativos podem multiplicar-se em soluções desinfectantes demasiado fracas ou deterioradas ou inactivadas. Somente pessoal experiente deve ser encarregado da tarefa de inventar soluções desinfetantes. Sempre que existam testes químicos de resistência (como para compostos fenólicos e contendo cloro), estes devem ser utilizados. O monitoramento bacteriológico regular das soluções desinfetantes mantidas em uso - é essencial.

Deve, portanto, ser instituída uma "política de desinfetantes" para declarar os usos legítimos dos desinfetantes químicos e designar substâncias e pontos fortes apropriados para cada um deles; organizar a preparação e a diluição correta em recipientes limpos a intervalos frequentes dessas substâncias; instruir os usuários de desinfetantes nos procedimentos corretos; e estabelecer um programa de testes bacteriológicos regulares em uso para soluções desinfetantes.

Limpeza

Uma boa limpeza "doméstica" das instalações hospitalares é melhor monitorizada visualmente, e raramente devem ser necessários testes bacteriológicos. A limpeza é provavelmente tudo o que é necessário para as salas (incluindo as salas de operações) depois de terem sido ocupadas pela maioria das classes de pessoas infectadas; para excepções a isto ver a secção anterior.

A limpeza preliminar de instrumentos e equipamentos contaminados é um passo essencial antes da desinfecção química. Isto pode ser menos importante para objectos que devem ser desinfectados ou esterilizados pelo calor, mas é, no entanto, desejável por motivos gerais. A desinfecção "make-safe" deve ser realizada com um agente químico pouco afectado pela presença de matéria orgânica, um composto fenólico adequado, por exemplo, a fim de reduzir a possibilidade de infecção ser transmitida ao pessoal de limpeza.

Procedimentos específicos da ala

Os métodos a serem empregados em certos procedimentos que comportam risco de infecção para o paciente ou pessoal devem ser estabelecidos pela com- mitologia de controle de infecção e folhas de instruções escritas devem ser preparadas para cada procedimento. Os assuntos a serem considerados pelo comitê incluem técnica asséptica para curativo de feridas, cateterização e drenagem vesical fechada, injeção intravenosa ou canulação. punção lombar, preparação pré-operatória da pele e (6) coleta de amostras para exame laboratorial. Os procedimentos de lavagem das mãos também devem ser delineados.

Teatros de operações

Aspectos da prática da sala de operações relevantes para a prevenção de infecções incluem o seguinte:

Design e ventilação

O objectivo inicial é proporcionar a separação física e aérea da suite de teatro do resto do hospital, uma sequência de zonas cada vez mais limpas desde a entrada até às áreas de operação e esterilização, e instalações para a remoção de materiais "sujos" sem contaminar as áreas limpas, e introduzir ar suficiente em áreas limpas para diluir os contaminantes gerados pelo ar e manter um fluxo constante de ar longe dessas áreas.

Disciplina

Isto inclui a limitação do número de pessoas no teatro, a ração severa de septicémia das pessoas admitidas em grupos "esfregados" e "não esfregados" com funções definidas, a restrição da actividade física ao mínimo, a proibição de qualquer anestesista ou membro da equipa "esfregada" que sofra de uma lesão séptica da pele ou infecção do tracto respiratório superior, a exigência de que o pessoal do teatro retire a roupa exterior e mude de sapatos antes de entrar no teatro, e a entrega de roupa e cobertores lavados imediatamente antes do transporte para o teatro.

Limpeza do teatro

As superfícies viradas para cima podem ficar muito contaminadas durante as operações, como resultado do assentamento de bactérias dispersas da pele e do vestuário das pessoas no teatro; no entanto, a probabilidade de as bactérias serem transferidas destas superfícies para feridas de operação ou para equipamento esterilizado é extremamente pequena. As superfícies não devem ficar visivelmente sujas e é aconselhável esfregar o chão com água e um detergente após cada sessão de operação; uma máquina de esfregar o chão é adequada para o uso no final do dia. Para prateleiras e bordas é apropriado limpar frequentemente o pó húmido; a lâmpada de operação deve ser limpa (não oleada) diariamente.

Quando o chão ou outra superfície estiver contaminada com pus ou outro material infeccioso, a área contaminada deve ser desinfectada com um desinfectante apropriado (por exemplo, fenólico) na diluição de uso recomendada. Paredes e outras superfícies verticais, se não danificadas, adquirem muito poucas bactérias, mesmo que fiquem por limpar durante muitas semanas. Devem, contudo, ser lavadas pelo menos uma vez a cada 3 meses ou em intervalos mais curtos se isso for necessário para evitar a deposição de sujidade visível. O reboco exposto onde a tinta foi removida pode, se úmido, tornar-se fortemente colonizado por bactérias; a limpeza e desinfecção não reduzirá o número de bactérias em tais áreas, e a parede danificada deve ser prontamente reaparelhada com tinta ou outro acabamento de parede.

Descontaminação das mãos e uso de luvas

O uso de luvas de borracha pelo cirurgião e outros membros "esfregados" da equipa cirúrgica é uma medida asséptica valiosa, minimizando o risco de contaminação por contacto directo de feridas e equipamento esterilizado. No entanto, alguma contaminação pode ocorrer através de luvas rasgadas ou através de pequenos orifícios invisíveis que aparecem em cerca de 20% das luvas durante o uso, e também através da humidade nas mangas dos vestidos de algodão; as luvas não são normalmente usadas pelos cirurgiões oculares. Por estas razões, a equipe esfregada deve usar uma preparação anti-séptica da pele antes de operar.

Preparações eficazes são certas soluções detergentes antissépticas com corante, por exemplo, 4% de clorexidina ou 10% de iodo povidona aplicado vigorosamente nos dedos, mãos e antebraços durante 2-3 minutos com água corrente e sem pincel, seguido de enxágüe e secagem; ou 10 ml de 957a etanol ou isopropanol com 1% de glicerol e, para maior atividade, 0.5% de clorexidina (ou outro anti-séptico adicional eficaz), mas sem água, esfregado vigorosamente nos dedos, mãos e antebraços até estarem secos. O uso repetido destes agentes tem um efeito cumulativo devido em parte aos resíduos de anti-séptico deixados na pele, que previnem a acumulação de flora bacteriana na mão com luvas, mesmo durante operações longas.

Um detergente deve ser usado para remover sangue, pus, fezes ou outros contaminantes físicos, e as superfícies inferiores das unhas devem ser limpas, quando necessário, com um raspador. As mãos devem ser lavadas com uma preparação anti-séptica de detergente, e luvas e bata novas devem ser calçadas quando uma luva apresentar um rasgão visível. Se as luvas forem esterilizadas e reutilizadas, devem ser testadas quanto à existência de furos por insuflação debaixo de água. Os anéis devem, se possível, ser removidos antes da preparação das mãos.

Preparação pré-operatória da pele

A pele do local da operação deve ser lavada com água e sabão, barbeada com uma lâmina de barbear de segurança (se necessário), e coberta com uma toalha esterilizada na enfermaria no dia da operação. Deve-se tomar muito cuidado para evitar cortes ou abrasões; de preferência, a raspagem não deve ser feita no dia anterior à operação, pois o exsudado de lesões minúsculas pode se tornar fortemente colonizado por bactérias durante a noite. O sabão e a água para o barbear devem ser aplicados com gaze esterilizada.

Na sala de operações, uma solução anti-séptica eficaz (7 o etanol com con-tintura ou 0,5% de digluconato de clorexidina ou 1% de iodo, por exemplo) é aplicada liberalmente com fricção sobre e muito para além do local da operação durante 3-4 minutos, tendo o cuidado de cobrir toda a área. O anti-séptico é usado como um aliado, aplicado sobre uma zaragatoa de gaze, mas uma maior redução das bactérias da pele pode ser obtida esfregando o anti-séptico no local da operação com uma mão com luvas, para o que se usa uma segunda luva sobre a luva de operação. Para operações de emergência é suficiente uma única limpeza e desinfecção pré-operatórias no teatro, mas em operações eletivas de alto risco são desejáveis duas ou três preparações preliminares do paciente na enfermaria com solução anti-séptica detergente (contendo 4% de clorexidina, por exemplo), começando na véspera da operação, seguida de desinfecção do local de operação no teatro com uma solução anti-séptica alcoólica (0,57o de clorexidina em 7& etanol, por exemplo) e produzindo um grau de desinfecção mais elevado.

Antes das operações em pele susceptível de estar fortemente contaminada com esporos de Clostridium tetani ou C. welchii (por exemplo, as mãos dos trabalhadores agrícolas e dos gar- deners com sujidade enraizada) ou as coxas dos pacientes com má irrigação arterial, é útil a aplicação durante meia hora de uma compressa embebida em solução de iodo polividona de loo. Os procedimentos habituais de limpeza de pele curtos não destroem os esporos bacterianos, mas uma grande proporção dos esporos acessíveis são destruídos por uma compressa de iodo de polividona em 30 minutos; alguns também podem ser removidos com escamas mortas de pele por lavagem vigorosa com detergente e, quando necessário, geleias gordurosas e solventes.

Roupa protectora

Os vários artigos de vestuário de protecção usados pelo pessoal hospitalar são estab- lizados pela tradição, mas muitas vezes não servem eficazmente os fins para os quais foram concebidos. A função mais útil do microbiologista é a de convencer os outros disso.

1. O vestuário feito de materiais convencionais não reduz significativamente a quantidade de contaminação da pele do utente pelo ar. As peças de vestuário impermeáveis são desconfortáveis à temperatura normal do bloco operatório.

2. Se mudadas frequentemente (por exemplo, entre procedimentos em diferentes pacientes), estas peças de vestuário têm uma função limitada na prevenção da transferência de con- taminação da luz de um paciente para outro, mas se a peça de vestuário ficar muito contaminada, os microrganismos passam através dela para a pele ou vestimentas subjacentes, e uma bata recém vestida pode estar contaminada.

3. A troca diária de roupa exterior provavelmente faz pouco para evitar a propagação de infecções de paciente para paciente, a menos que seja usado um avental impermeável para cobrir as partes da roupa que entram em contacto com o paciente. Isto deve ser feito para procedimentos definidos e descartado posteriormente.

4. Existem boas razões para cobrir o cabelo, mas a cobertura deve ser completa, bem ajustada e, de preferência, impermeável.

5. Máscaras de papel simples têm uma função limitada no desvio de partículas de grandes dimensões expelidas da boca para longe de uma ferida de operação, mas as marcas individuais de máscaras devem ser avaliadas separadamente. Máscaras mais eficientes para fins especiais são possíveis de obter.

Isolamento

Se o governo do país ainda não o fez, a comissão de controlo de infecções hospitalares deve preparar uma lista das doenças microbianas consideradas transmissíveis e para as quais é obrigatório o isolamento dentro do hospital, ou a transferência para uma unidade de doenças infecciosas.

Serão necessárias instalações de isolamento dentro do hospital para evitar a propagação da infecção a outros pacientes ("isolamento de origem") e para proteger os pacientes susceptíveis ("isolamento protector"). O isolamento em quartos individuais faz pouco para prevenir a infecção pela via aérea, a menos que seja providenciada ventilação mecânica; o ideal é que seja por pressão negativa para isolamento da fonte e por pressão positiva para isolamento protector. Podem ser construídas salas de isolamento com instalações para ambos os tipos de ventilação e estas podem ser utilizadas em momentos diferentes para isolamento de fonte e pró-técnico. Um bloqueio de ar deve ser providenciado em salas para isolamento de fonte, quer seja do tipo de uso único ou duplo. A infecção pela via fecal-oral em quartos com várias camas pode ser evitada através de técnicas de enfermagem rigorosamente aplicadas, mas isto é mais fácil em quartos com uma cama com instalações sanitárias separadas.

É muito improvável que haja instalações (ou pessoal) suficientes para o isolamento de todos os pacientes para os quais isso seria uma vantagem. Assim, as escassas instalações de isolamento na fonte podem ser conservadas pela classificação dos pacientes naqueles que requerem quartos individuais com ventilação mecânica e instalações sanitárias separadas, quartos individuais com instalações sanitárias separadas, os restantes, para os quais devem ser tomadas medidas menos do que ideais.

Uma proporção considerável da população hospitalar provavelmente beneficiaria do isolamento protector, mas é impraticável fornecê-lo para eles. Seria razoável selecionar para o isolamento protector pacientes cujo estado de resistência à infecção é seriamente, mas temporariamente, prejudicado, e cuja vida provavelmente será significativamente prolongada pelo tratamento. As alternativas para isolamento protector são quartos individuais com ventilação por pressão positiva, quartos com fluxo laminar de ar, compartimentos plásticos ('Isoladores') em alas abertas, e alas ultra-limpas (geralmente com várias camas mas não ventiladas mecanicamente).

Uso de agentes antimicrobianos".

O microbiologista tem um papel claramente estabelecido como consultor do clínico sobre a sensibilidade aos agentes antimicrobianos do organismo infectante do paciente e sobre a escolha de um agente adequado para o tratamento; muitas vezes ele assume o papel adicional de especialista em farmacocinética da ação antimicrobiana. O clínico pode, entretanto, ter que tomar decisões sobre o tratamento adequado de infecções graves antes que o organismo causador tenha sido isolado ou antes que os testes de sensibilidade tenham sido completados. O microbiologista deve acumular dados sobre a resistência dos patógenos comuns aos agentes antimicrobianos e deve emitir resumos regulares (por exemplo, trimestrais) para os clínicos. Esta informação é muito útil na escolha de um medicamento susceptível de ser activo contra a bactéria conhecida, ou pensada, como sendo responsável por uma infecção grave.

O comité de controlo de infecções deve ser encorajado a preocupar-se com o problema mais geral do padrão de utilização de agentes antimicrobianos no hospital como um todo, ou seja, no desenvolvimento de uma política antibiótica acordada. Isto deve ser feito com tacto porque pode parecer limitar a liberdade do clínico para fazer o seu melhor para o paciente individual. Os objetivos da política são reduzir a quantidade total de tratamento antimicrobiano dado no hospital; prevenir a administração de um agente a pacientes infectados ou portadores de bactérias resistentes a ele; reduzir o uso de certos agentes ou restringir seu uso a classes específicas de pacientes; e diversificar o padrão de uso onde dois ou mais agentes são igualmente eficazes para um propósito específico.

A redução de terapia antimicrobiana desnecessária é uma questão para os clínicos indi- viduais, mas o microbiologista pode apoiar isso fornecendo testes de sensibilidade rápidos e precisos e estando preparado (e competente) para dar conselhos sobre o tratamento para determinados pacientes, disponibilizando informações sobre a situação de resistência atual no hospital e incentivando o comitê a produzir declarações periódicas sobre o uso apropriado de agentes antimicrobianos individuais.

As razões para restringir ou reservar o uso de determinados agentes antimicrobianos incluem o recente aparecimento de resistência a ele em um gênero patogênico comum, a esperança de que uma forte redução no uso de um agente possa restaurar sua utilidade quando a resistência se tornar comum, o conhecimento de que variantes resistentes de microorganismos são rapidamente selecionadas em pacientes que recebem o agente e o fato de que um patógeno importante é quase invariavelmente sensível a um determinado agente.

A saúde do pessoal hospitalar

Um bom serviço de saúde ocupacional para o pessoal do hospital é um meio importante para evitar que sejam infectados pelos pacientes e que não se suspeite que sejam fontes de infecção para os pacientes. Portanto, a comissão de controlo de infecções colaborará estreitamente com a autoridade responsável pela prestação deste serviço.

a) ***Exame médico pré-emprego:*** Todas as categorias de trabalhadores hospitalares devem ser submetidos a um exame médico de pré-emprego. O objetivo deve ser detectar a tuberculose pulmonar e obter um histórico sugestivo de febre entérica em pessoas provenientes de países onde a doença é comum, ou um histórico de doença diarréica ou icterícia recente, doença cutânea crônica (especialmente eczema), sepse cutânea recorrente, ou des-carga do ouvido. Testes laboratoriais apropriados podem ser solicitados quando o histórico de um indivíduo sugere a necessidade disso, mas não para todo o pessoal.

b) ***Imunização: Os*** testes de sensibilidade à tuberculina devem ser realizados em todos os novos participantes do serviço hospitalar e a vacina BCG oferecida a todos os não-reactores. Como mini-mãe, a vacinação contra varíola e poliomielite deve ser oferecida. A vacinação contra a rubéola é recomendada para as fêmeas do grupo etário apropriado que não apresentem evidência serológica de infecção anterior.

c) ***Auto-protecção:*** Todos os que não tenham formação e que entrem em contacto com os pacientes devem receber formação elementar em como evitar ser infectados.

d) ***Relatar doença:*** Todos os funcionários do hospital devem comunicar ao serviço de saúde ocupacional quando sofrem de certas doenças específicas (por exemplo, tuberculose, icterícia, feridas infectadas ou outras lesões superficiais, diarréia) ou quando retornam ao trabalho após se recuperarem dessas infecções. Quando se juntam ao pessoal, devem receber um folheto claramente redigido, que apresente os sintomas que os devem levar a relatar, e isto deve ser reforçado por explicações verbais. A notificação voluntária de doenças significativas só será eficaz se as condições de serviço não impuserem graves desvantagens económicas àqueles que colaboram.

e) Vigilância: O rastreio microbiológico de rotina do pessoal raramente será realizado. No entanto, no caso do pessoal em licença por doença, é aconselhável providenciar a verificação rotineira dos certificados que indicam a natureza da doença responsável pela sua ausência do trabalho, se for prática corrente exigi-la. Quando são mencionadas doenças ou sintomas significativos, a equipa de controlo de infecções deve ser informada. Serão necessários programas especiais de vigilância para o pessoal particularmente em risco de certas infecções como a tuberculose e a hepatite.

Transmissão nosocomial da COVID-19

A transmissão hospitalar da COVID-19 é amplamente reconhecida e embora o modo de infecção permaneça pouco claro, a transmissão por enfermaria é altamente suspeita. A vigilância genómica das infecções COVID-19 adquiridas no hospital entre pacientes confirmou a transmissão nosocomial entre pacientes que partilham enfermarias.

- Usando os critérios mais conservadores de data de início dos sintomas em vez da data do teste positivo, pode-se estimar que durante as ondas Covid iniciais, entre os pacientes admitidos para cuidados de emergência e para problemas médicos não relacionados, incluindo lesões neurológicas, gastrointestinais, cardíacas, etc., 5-7% podem adquirir COVID-19 no hospital.

- As características clínicas da COVID-19, com resultados positivos subsequentes para a SRA-CoV-2, geralmente desenvolvem-se durante os 8-14 dias e por vezes após mais de 14 dias de internamento hospitalar.

- A maioria desses pacientes com infecção hospitalar foi encontrada tendo compartilhado uma enfermaria com um paciente COVID-19 positivo confirmado nos 14 dias anteriores, ou compartilhado uma enfermaria.

- Alguns pacientes podem ter adquirido a COVID-19 de outras instalações hospitalares compartilhadas ou de profissionais de saúde infectados.

Antecedentes da questão

- Os doentes com condições médicas existentes estão em maior risco de doença grave e de morte após infecção com SRA-Covida.

- A identificação rápida dos pacientes com COVID-19 e a prevenção da transmissão nosocomial é, portanto, de importância crítica.

- O rastreio universal usando os ensaios em tempo real de transcrição reversa da SRA-CoV-2 (RT PCR) é agora aconselhado para todos os doentes internados no hospital.

- No entanto, com a disponibilidade tardia dos resultados e a sensibilidade relativamente fraca dos testes PCR do SRA-CoV-2, o teste por si só não é uma ferramenta de rastreio adequada para prevenir a transmissão; é necessária uma triagem clínica e coorte efectiva.

- Embora as medidas de distanciamento social tenham reduzido a transmissão da COVID-19 na comunidade, a transmissão nosocomial continua a colocar as populações vulneráveis em risco de doença grave e morte.

- Os serviços hospitalares voltarão ao normal, com a prevenção da transmissão nosocomial se tornando de vital importância, especialmente porque isto pode coincidir com uma nova onda de COVID-19.

- As equipes clínicas e operações de gerenciamento de leitos devem desenvolver sistemas localmente apropriados para proteger os pacientes suscetíveis durante a admissão no hospital, usando expertise clínica e testes de pontos de atendimento para identificar rapidamente e coorte os pacientes com COVID-19.

- A simples coorte clínica pode resultar em pacientes com COVID-19 não diagnosticados assintomáticos, pré-sintomáticos ou atípicos serem admitidos em enfermarias "não COVID" ao lado de pacientes com problemas médicos não relacionados.

- **Um sistema de triagem COVID-19** tem de ser implementado, combinando uma ferramenta de avaliação clínica com testes PCR SRA-CoV-2 rápidos direccionados, para reduzir o risco de transmissão a doentes susceptíveis no hospital.

Prevenção da transmissão nosocomial (implementação de um sistema de triagem COVID-19)

- Implementar uma ferramenta de avaliação clínica para melhorar a eficácia da triagem e coorte da COVID-19.

- Uma vez que os testes PCR da SRA-CoV-2 de rotina têm uma sensibilidade relativamente baixa e os tempos de resposta podem ser prolongados, confiando na história clínica e nos resultados, resultados laboratoriais e radiologia e categorizando os doentes de acordo com a probabilidade clínica de COVID-19.

- Os pacientes da triagem para as enfermarias separadas; os pacientes sem sintomas ou sinais de COVID-19 são separados daqueles com baixo grau de suspeita de COVID-19 e aqueles com alto grau de suspeita ou COVID-19 confirmado devem ser coortejados em uma enfermaria separada.

- Os pacientes com baixo grau de suspeita devem ser tratados em salas isoladas quando possível e priorizados para testes RTPCR para estabelecer seu destino de transferência.

- As salas de isolamento também são priorizadas para aqueles com uma apresentação clínica incongruente e aqueles com fatores de risco significativos para doenças graves, tais como imunossupressores.

- Os pacientes são então reavaliados diariamente para garantir que qualquer pessoa que esteja incubando uma infecção seja identificada e transferida para uma enfermaria apropriada, minimizando a exposição a outros pacientes.

- Além da triagem clínica, são necessários testes de triagem rápida para evitar a transmissão nosocomial.

- O rastreio universal de todas as admissões hospitalares identifica pacientes assintomáticos e pré-sintomáticos com potencial para transmitir a infecção.

- pacientes com baixa probabilidade clínica de COVID-19 são priorizados para os testes

- Isto complementa a ferramenta de triagem, facilitando a transferência urgente de pacientes para áreas clínicas apropriadas dentro de horas após a chegada.

- O contato da ala com casos COVID-19, os profissionais de saúde são outra fonte potencial de infecção adquirida no hospital.

- Como é possível a transmissão pré e assintomática, o uso da máscara facial universal é susceptível de reduzir a transmissão.

- Adicionalmente, o rastreio regular da SRA-CoV-2 entre todo o pessoal virado para o doente, merece ser considerado.

CAPÍTULO: 12
Educação, Estratégias e Melhores Práticas

Educação

Por educação entendemos que a instrução formal na prevenção de infecções hospitalares é, ou deve fazer parte da educação normal de grupos profissionais como graduados em medicina e enfermeiros e, portanto, não é uma responsabilidade direta da administração hospitalar. A comissão de controle de infecção do hospital deve, portanto, considerar a conveniência de organizar cursos regulares de indução para recrutas profissionais nos quais a prática de controle de infecção do hospital seja explicada. Os trabalhadores não profissionais, como o pessoal doméstico e de cozinha, entram frequentemente no serviço hospitalar sem qualquer formação prévia em higiene e as organizações que lidam com o assunto devem assumir a responsabilidade de remediar esta situação. Devem ser elaboradas regras básicas de conduta, as quais devem ser explicadas a todos os recrutas no momento em que se juntam ao pessoal. Além disso, cursos simples de instrução especificamente orientados para o trabalho dos respectivos grupos devem ser realizados regularmente.

Espera-se que os membros da equipa de controlo de infecções participem activamente nestas actividades educativas formais. Além disso, eles têm um papel directo importante na formação em serviço do pessoal. Esta pode ser uma actividade informal e também pode ser melhor organizada numa base departamental. Uma vez estabelecida uma relação correcta entre a equipa e o pessoal dos departamentos, as visitas periódicas do trabalhador de campo ou do responsável pelo controlo de infecções aos departamentos para fins de vigilância e monitorização podem ser usadas como ocasiões para instrução e troca de pontos de vista sobre assuntos relevantes. A equipa terá estabelecido o seu papel como educadores quando for regularmente consultada por membros do pessoal de qualquer departamento confrontados com as questões da infecção hospitalar e cada membro for bem instruído e treinado sobre as melhores práticas.

As **principais estratégias** de prevenção das infecções nosocomiais podem ser definidas em relação ao desafio das doenças prevalecentes; portanto, podem ser concebidas de acordo com elas.

- Inserir cateteres apenas para indicações clinicamente apropriadas
- Selecione o cateter mais apropriado para o paciente em termos de tamanho, comprimento, material e sistema de drenagem
- Inserir e manusear cateteres usando a técnica asséptica
- Uso de aparelhos de ultra-som portáteis para avaliar o volume de urina
- Listas de verificação para inserção de cateteres urinários e manutenção ferramenta de apoio à decisão de coleta de amostras de urina
- Troca de cateteres uretrais em intervalos fixos e rotineiros
- Controle de glicose e úlceras em pacientes diabéticos
- Abordar a desnutrição e a obesidade
- Melhorar o estado vascular
- Modificar a ingestão de medicamentos imunossupressores
- Curta estadia hospitalar pré-operatória, como a admissão no dia da cirurgia.
- O momento da administração de antibióticos profiláticos intravenosos antes da incisão de cesarianas
- Vacinas apropriadas quando indicadas, tais como vacina contra influenza e pneumococo
- Intervenções de saúde aliadas, incluindo fisioterapia torácica e avaliação e manejo da deglutição
- Mantendo uma boa higiene oral.
- Questões a monitorizar para a gestão e prevenção da pneumonia
- Identificação precoce da possibilidade de pneumonia num paciente hospitalizado e realização de investigações adequadas, conforme clinicamente indicado.
- Documente claramente os detalhes da inserção
- Inserir dispositivos de acesso vascular apenas para indicações apropriadas

- Deixe os dispositivos de acesso vascular no lugar apenas durante o tempo que for necessário

- Precauções padrão de controle de infecção, incluindo higiene das mãos e técnica asséptica ao inserir e manter dispositivos de acesso vascular

- Use uma preparação apropriada da pele

- Escolha os curativos apropriados e troque os curativos conforme indicado

- Use todas as precauções de barreira durante a inserção da linha central, incluindo cortinas, bata e luvas esterilizadas.

- Desenvolver diretrizes para o manejo de pacientes colonizados ou infectados com MROs

- Praticar precauções padrão, incluindo higiene das mãos, limpeza ambiental e limpeza dos cuidados com o paciente

- Praticar precauções baseadas na transmissão, quando apropriado.

- Implementar estratégias para prevenir a transmissão de pacientes conhecidos ou suspeitos de estarem colonizados ou infectados com MROs, incluindo o isolamento dos pacientes afetados.

- Comunicando o risco de infecção.

- Preencher rotineiramente um gráfico de fezes

- Quando indicado, testes de sangue apropriados, incluindo electrólitos e função renal

- Avaliar para tela de admissão

- História clínica anterior.

Organização de Serviços de Saúde que presta serviços a pacientes em risco de infecções hospitalares, continuará a servir o seu propósito enquanto durar:

- Dispõe de sistemas de segurança e qualidade para a prevenção, vigilância, gestão e controlo das infecções hospitalares adquiridas.

- Tem processos em vigor para aplicar precauções padronizadas e baseadas na transmissão que são consistentes com as diretrizes nacionais de melhores práticas

- Assegura que os clínicos tenham acesso às melhores práticas nacionais relevantes.
- Apoia a força de trabalho na formação contínua relevante para a prevenção e controlo das infecções hospitalares.
- Possui equipamentos, dispositivos e produtos adequados disponíveis para minimizar e gerir eficazmente as infecções adquiridas nos hospitais
- Os seus equipamentos, instrumentos e dispositivos reutilizáveis são reprocessados de forma consistente com as normas nacionais e internacionais relevantes e em conjunto com as directrizes do fabricante
- Assegura um ambiente limpo e higiénico
- Possui sistemas para a prescrição e uso seguro e apropriado de antimicrobianos como parte de um programa de administração de antimicrobianos.

Os médicos que cuidam de pacientes em risco de infecções hospitalares devem realizar avaliações clínicas abrangentes de acordo com os melhores prazos e frequência de prática. Espera-se também que pratiquem precauções padrão ao cuidar de todos os pacientes de acordo com as melhores práticas, o que inclui:

- realizar a higiene das mãos antes e depois de cada contato com o paciente.
- usar equipamento de protecção pessoal quando há risco de exposição a sangue ou fluidos corporais.
- limpeza e reprocessamento de equipamentos partilhados com os pacientes.
- avaliar os riscos de infecção e empregar precauções baseadas na transmissão.
- Prescrever antimicrobianos de forma segura e apropriada.
- Associe-se aos pacientes para envolvê-los em seus próprios cuidados.

Referências

1. Krishna Prakash S. Nosocomial infection-an overview. [Online] Disponível em: http://www.researchgate.net/publication/18951524_Nosocomial_infe ctions_an_overview.

2. Brusaferro S, Arnoldo L, Cattani G, Fabbro E, Cookson B, Gallagher R, et al. Harmonizando e apoiando o treino de controlo de infecções na Europa. J Hospect Infect 2015; 89(4): 351-6.

3. Obiero CW, Seale AC, Berkley JA. Tratamento empírico da sepsis neonatal nos países em desenvolvimento. Pediatr Infect Dis J 2015; 34(6): 659-61.

4. Murray PR, Rosenthal KS, Pfaller MA. Microbiologia médica. 5ª ed. Missouri: Mosby Inc.; 2005.

5. Lolekha S, Ratanaubol B, Manu P. Infecção nosocomial em um hospital-escola na Tailândia. Phil J Microbiol Infect Dis 1981; 10: 103-14.

6. Organização Mundial de Saúde. Prevenção de infecções nosocomiais: um guia prático. Genebra: Organização Mundial da Saúde; 2002. [Online] Disponível em: http://www.who.int/csr/resources/publications/whocdscsreph200 212.pdf

7. Duque AS, Ferreira AF, Cezârio RC, Filho PPG. Infecções nosocomiais em dois hospitais em Uberlândia, Brasil. Rev Panam Infectol 2007; 9(4): 14-8.

8. Benenson, A.S., Ed. Controlo de doenças transmissíveis no homem, 11ª ed. New York, Ameri- Can Hospital Association, 1971.

9. Brachman, P.S. & Eickhoff, T.C., Ed. Proceedings of the In temational Conference on Nosocomial In fections, Center for Disease Control, Atlanta, GA, August 1970. Chicago, American Hospital Association, 1971.

10. Wilson, GB. & Miles, AT. Tople y and ifilson's principles of bacteriology, virology and immunity, 6ª ed., Tople y and ifilson's

principles of bacteriology, virology and immunity, 6ª ed. Londres, Arnold, 1975.

11. Mayon-White R et al. Um estudo internacional sobre a prevalência da infecção hospitalar adquirida. J Hospit Infect, 1988, 11 (suppl A):43-48.

12. Enquête nationale de prévalence des infections nosocomiales. Mai-Juin 1996. Comité technique nationale des infections nosocomiales. Bulletin Èpidémiologique Hebdomadaire, 1997, No 36.

13. Gastmeier P et al. Prevalência de nosocomial nas fezes em hospitais alemães representativos. J Hospital Infect, 1998, 38:37-49.

14. Danchaivijitr S, Tangtrakool T, Chokloikaew S. O segundo estudo de prevalência nacional tailandês sobre infecções noso-comiais 1992. J Med Assoc Thai, 1995, 78 Suppl 2:S67-S72.

15. Kim JM et al. Estudo de vigilância multicêntrica para infecções nosocomiais em grandes hospitais da Coreia. Am J Infect Control, 2000, 28:454-458.

16. Raymond J, Aujard Y, Grupo de Estudo Europeu. Infecções Nosocomiais em Pacientes Pediátricos: Um Estudo de Prospectiva Multicêntrico Europeu. Infect Control Hospital Epidemiol, 2000, 21:260-263.

17. Pittet D et al. Prevalência e factores de risco para a ausência de infecções socomiais em quatro hospitais universitários na Suíça. Infect Control Hospit Epidemiol, 1999, 20:37-42.

18. Scheel O, Stormark M. Prevalência nacional sur- vey em infecções hospitalares na Noruega. J Hospital Infect, 1999, 41:331-335.

19. Valinteliene R, Jurkuvenas V, Jepsen OB. Preva- lence de infecção hospitalar adquirida num hospital Lithua- nian. J Hospital Infect, 1996, 34:321-329.

20. Orrett FA, Brooks PJ, Richardson EG. Infecções nosocomiais em um hospital regional rural em um país que opere com desenvolvimento: taxas de infecção por local, serviço, custo e práticas de controle de infecção. Infect Control Hospit Epidemiol, 1998, 19:136-140.

21. Raymond J e Aujard Y. Infecções nosocomiais em pacientes pediátricos: um estudo prospectivo europeu, multicêntrico. Grupo de Estudo Europeu. Epidemiol de Hospitais de Controlo de Infecções. 2000;21:260-3.

22. Urrea M, Pons M, Serra M, et al. Estudo de incidência prospectiva de infecções nosocomiais em uma unidade de terapia intensiva pediátrica. Pediatr Infect Dis J. 2003;22:490-4.

23. Urrea M, Rives S, Cruz O, et al. Infecções nosocomiais em pacientes pediátricos de hematologia/ oncologia: resultados de um estudo prospectivo de incidência. Am J Controle de Infecções. 2004;32:205-8.

24. Grohskopf L A, Sinkowitz-Cochran R L, Garrett D O, et al. Uma pesquisa nacional de prevalência de infecções adquiridas em unidades de terapia intensiva pediátrica nos Estados Unidos. J Pediatr. 2002;140:432-8.

25. Castagnola E, Gargiullo L, Loy A, et al. Epidemiologia das Complicações Infecciosas Durante a Oxigenação Extracorpórea por Membranas em Crianças: Uma Experiência de um Único Centro em Execução. Pediatra Infect Dis J. 2018;37:624-6.

26. Klevens R M, Edwards J R, Richards C L, Jr., et al. Estimating health careassociated infections and deaths in U.S. hospitals, 2002. Rep. Saúde Pública 2007;122:160-6.

27. Conselho da Europa; Comité de Ministros. Resolução 72 (31) sobre higiene hospitalar, 1972.

28. Garrod, L.P. et al. Antibiótico e quimioterápico y, 4ª ed. London, Churchill Livingstone, 1973.

29. Hers, J.FT. & Winkles, K.C., Ed. Transmissão por via aérea e por via aérea em fection. Utrecht, Oosthoek, 1973.

30. Controlo de infecções no hospital, 3ª ed. Chicago, Associação Hospitalar Americana, 1974.

31. Lowbury, PT.L. et al. Controle de hospital em infecção. Londres, Chapman & Hall, 1975

32. Williams, R.E.O. et a1. Hospital em afecção: causas e pré-ven tion, 2ª ed. London, Lloyd- Luke, 1966.

33. Williams, R.E.O. & Shooter, RR., ed. Infecção em hospitais. epidemiologia e controlo. OxforLt, Blackwell, 1963.

34. Garner JS et al. CDC definitions for nosocomial infections, 1988. Am J Infect Control, 1988, 16:128- 140.

35. Horan TC et al. CDC definitions of nosocomial surgical site infections, 1992: a modification of CDC definition of surgical wound infections. Am J Infect Control, 1992, 13:606-608.

36. Hambraeus, A. Espalhamento de Staphylococcus aureus numa unidade de queimaduras. Acta IJniversitatis Uppcaliencis; Abstracts of Uppcala Dissertations from the Facult y of Medicine, IS 8 (1973).

37. Instituto Nacional de Saúde e Excelência Clínica. Caminho para a prevenção e controle das infecções associadas aos cuidados de saúde. 2017

38. Loveday HP, Wilson JA, Pratt RJ, Golsorkhi M, Tingle A, Bak A, et al. epic3: National Evidence-Based Guidelines for Preventing Healthcare-Associated Infections in NHS Hospitals in England. Journal of Hospital 2012.

39. Organização Mundial de Saúde. Componentes essenciais para a prevenção e controlo de infecções - Ferramentas e recursos de implementação. Genebra.

40. Sanchez D, Smith G, Piper A, Rolls K. Diretrizes de Ventilação Não-Invasiva para Pacientes Adultos com Insuficiência Respiratória Aguda. Chatswood: Agência para Inovação Clínica; 2014;

41. Agência para a Pesquisa e Qualidade em Saúde. Toolkit To Improve Safety for Mechanically Ventilated Patients (Kit de ferramentas para melhorar a segurança de pacientes com ventilação mecânica). 2017.

42. Instituto Nacional de Excelência em Saúde e Cuidados de Saúde. Pneumonia em adultos: diagnóstico e manejo Diretriz clínica [CG191]. 2014.

43. Saúde Pública Inglaterra. Precauções de controlo de infecções para minimizar a transmissão de infecções agudas do tracto respiratório em ambientes de saúde. 2016.

44. O'Grady NP, Alexander M, Burns LA, Dellinger EP, Garland J, Heard SO, et al. Guidelines for the Prevention of Intravascular Catheter-related Infections. Doenças Infecciosas Clínicas. 2011; 52(9).

45. MacGinley R, Owen A. CARI Guidelines. Inserção de cateteres. Melbourne: Kidney Health Australia; 2012.

46. Lopez-Vargas P, Polkinghorne K. CARI Guidelines. Cuidados de enfermagem de cateteres venosos centrais. Melbourne: Kidney Health Australia; 2012

47. Lopez-Vargas P, Polkinghorne K. Preparação e colocação do acesso vascular. Diretrizes do CARI. 2012.

48. Siegel JD, Rhinehart E, Jackson M, Chiarello L. Gestão de Organismos Multirresistentes em Ambientes de Saúde. Centers for Disease Control & Prevention; 2006.

49. Stuart RL, Marshall C, McLaws M-L, Boardman C, Russo PL, Harrington G, et al. Declaração de posição ASID/AICA - Diretrizes de controle de infecção para pacientes com infecção por Clostridium difficile em ambientes de saúde. Infecção na área da saúde. 2011; 16(1)

50. Guerrant RL, Van Gilder T, Steiner TS, Thielman NM, Slutsker L, Tauxe RV, et al. Diretrizes Práticas para a Gestão da Diarréia Infecciosa. 2001; 331-50.

51. Agodi A, Auxilia F, Barchitta M, Brusaferro S, D'Alessandro D, Grillo OC, et al. Tendências, fatores de risco e resultados das infecções associadas aos cuidados de saúde dentro da rede italiana SPIN-UTI. Journal of Hospital Infection. 2013;84(1):52-8.

52. Lo E, Nicolle LE, Coffin SE, Gould C, Maragakis L, Meddings J, et al. Strategies to prevent catheter- associated urinary tract infections in acute care hospitals: 2014 update. Controle de Infecções e Epidemiologia Hospitalar. 2014;35:464-479.

53. Lee JH, Kim SW, Yoon BI, Ha U-S, Sohn DW, e Cho Y-H. Fatores que afetam a infecção do trato urinário associado ao cateter nosocomial em Unidades de Terapia Intensiva: Experiência de 2 anos em um único centro. Revista Coreana de Urologia. 2013;54(1):59-65. .

54. Fortaleza CM AP, Batista MR, Dias A,. Fatores de Risco para Pneumonia Hospitalar Adquirida em Adultos Não Ventilados The Brazilian Journal of Infectious Diseases. 2009;13(4):284-288.

55. Del Bono V e Giacobbe DR. Infecções da corrente sanguínea em medicina interna Virulência. 2016; Vol. 7, No. 3, 353-365.

56. Hercé B, Nazeyrollas P, Lesaffre F, Sandras R, Chabert JP, Martin A, et al. Factores de risco de infecção de dispositivos cardíacos implantáveis: dados de um registo de 2496 pacientes. Europace. 2013 Jan;15(1):66-70.

57. Underwood MA, Pirwitz S. APIC guidelines com- mittee: usando a ciência para orientar a prática. Am J Infect Control, 1998, 26:141-144.

58. Larson E. Um causelink entre lavagem das mãos e risco de infecção? O exame das provas. Infect Control Hospital Epidemiol, 1988, 9:28-36.

59. Diretrizes do CDC para lavagem de mãos e controle ambiental hospitalar. Amer J Infect Control, 1986, 14:110-129 ou Infect Control, 1986, 7:231-242.

60. Pratt RJ et al. O projecto épico: Desenvolvendo diretrizes na- tional baseadas em evidências para prevenir infecções associadas aos cuidados de saúde. Fase I: Linhas de orientação para a prevenção de infecções hospitalares. J Hospit Infect, 2001, 47(Suplemento):S3-S4.

61. Kunin CM. Detecção, prevenção e gestão de infecções do tracto urinário, quinta edição. Baltimore, Williams & Wilkins, 1997.

62. Diretriz do CDC para a prevenção de infecções do trato urinário associadas a cateteres. Am J Infect Con- trol, 1983,11:28-33.

63. Pratt RJ et al. O projecto épico: Desenvolvendo diretrizes na- tional

baseadas em evidências para prevenir infecções associadas aos cuidados de saúde. Fase I: Linhas de orientação para a prevenção de infecções hospitalares. J Hospit Infect, 2001, 47(Suplemento):S3-S4.

64. Cruse PJE, Ford R. A epidemiologia das infecções de feridas. Um estudo prospectivo de 10 anos de 62.939 feridas. Surg Clin North Am, 1980, 60:27-40.

65. Pittet D, Ducel G. Factores de risco infecciosos relacionados com os blocos operatórios. Infect Control Hospital Epidemiol, 1994, 15:456-462.

66. Garibaldi R et al. O impacto da desinfecção cutânea pré-operatória na prevenção da contaminação intra-operatória de feridas. Infect Control Hospital Epidemiol, 1988, 9:109-113.

67. Dodds RDA et al. Perfuração de luva cirúrgica. Brit J Surg, 1988, 75:966-968.

68. Caillot JL et al. Avaliação eletrônica do valor da dupla goteira. Brit J Surg, 1999, 86:1387- 1390.

69. Caillaud JL, Orr NWM. Uma máscara necessária na sala de operações? Ann R. Coll Surg Engl, 1981, 63:390- 392.

70. Mayhall CG. Infecções cirúrgicas incluindo queimaduras dentro: R. P. Wenzel, Ed. Prevenção e controle de infecções nosoco-miais. Baltimore, Williams & Wilkins, 1993:614-644.

71. Van Wijngaerden E, Bobbaers H. Infecção da corrente sanguínea relacionada com cateteres intravasculares: ologia, patogénese e prevenção de epidemias. Acta Clin Belg, 1997, 52:9-18. Revisão.

72. Pearson ML. Diretriz para a prevenção de infecções relacionadas a dispositivos intra-vasculares. Comitê Consultivo de Práticas de Controle de Infecções Hospitalares. Infect Control Hospital Epidemiol, 1996, 17:438-473.

73. Saúde Canadá. Prevenção de infecções associadas a dispositivos de acesso intravascular residentes. Can Commun Dis Rep, 1997, 23 Suppl 8: i-iii, 1-32, i- iv,1-16.

74. Garner JS. Diretriz para precauções de isolamento em hospitais. Infect Control Hospiol Epidemiol, 1996, 17:54- 65.

75. Saúde Canadá. Práticas de rotina e precauções adicionais para prevenir a transmissão de infecções na área da saúde. Can Commun Dis Rep, 1999, 25 Suppl 4:1-142.

76. CDC/TB www.cdc.gov/ncidod/hip/guide/tuber. htm

77. Saúde Canadá. Diretrizes para prevenir a transmissão da tuberculose nos estabelecimentos de saúde canadenses e em outros ambientes institucionais. Can Commun Dis Rep, 1996, 22 S1:i-iv,1-50, i-iv,1-55.

78. Tratamento de pacientes com suspeita de febre hemorrágica viral. MMWR, 1998, 37(S-3): 1-6.

79. Relatório do grupo de trabalho. Directrizes revistas para o controlo da infecção por Staphylococcus aureus resistente à meticilina nos hospitais. J Hospital Infect, 1998, 39:253- 290.

80. Recomendações do CDC para prevenir a propagação da resistência à vancomicina: Recomendações da Comissão Consultiva de Práticas de Controlo de Infecções Hospitalares (HICPAC). MMWR, 1995, 44(RR-12): 1-12 ou Epidemiol Hospitalar de Controlo de Infecções, 1995, 16:105- 113.

81. Saúde Canadá. Prevenir a propagação de enterococos resistentes à vanco- mycin-resistentes no Canadá. Can Commun Dis Rep, 1997,23 S8: i-iv,1-16, i-iv,1-19.

82. Guia Uniclima - Traitement de l'air en milieu hospitalier. Paris, Editions SEPAR. ISBN 2.951 117.0.3.

83. Prüss A, Giroult B, Rushbrook P. Gestão segura dos resíduos das actividades de cuidados de saúde. Genebra, OMS, 1999.

84. Instituto Americano de Arquitectos. Diretrizes para a concepção e construção de laços de fácil acesso a hospitais e serviços de saúde. Washington, American Institute of Architects Press, 2001.

85. Organização Mundial da Saúde. Estratégia Global da OMS para Contenção da Resistência Antimicrobiana. QUEM/CDS/

CSR/DRS/2001.2.

86. Struelens MJ. The epidemiology of antimicrobial resistance in hospital-acquired infections: prob- lems and possible solutions. BMJ, 1998, 317:652- 654.

87. Grupo de Trabalho da Sociedade Britânica de Quimioterapia Anti-Crobiana. Medidas de antibiótico hospitalar com carrinho no Reino Unido. J Antimicrob Chemother, 1994, 34:21-42.

88. Swedish-Norwegian Consensus Group. Profilaxia antibiótica em cirurgia: Resumo de uma conferência de consenso sueco-norueguesa. Scand J Infect Dis, 1998, 30:547-557.

89. Dellinger EP et al. Padrão de qualidade para profilaxia antimicrobial em procedimentos cirúrgicos. Clin Infect Dis 1994, 18:422-427.

90. Martin C, o Grupo Francês de Estudo sobre Profilaxia Antimicrobiana em Cirurgia, a Sociedade Francesa de Anestesia e Cuidados Intensivos. Profilaxia Antimicrobiana em Cirurgia: Conceitos gerais e diretrizes clínicas. Infect Control Hospital Epidemiol, 1994,15:463-471.

91. Página CP et al. Profilaxia antimicrobiana para feridas sur-gicas: Directrizes para os cuidados clínicos. Arch Surg 1993, 128:79-88.

92. Comitê de AIDS/TB da Sociedade de Epidemiologia da Saúde da América. Gestão de profissionais de saúde infectados com o vírus da hepatite B, vírus da hepatite C, vírus da imunodeficiência humana ou outros agentes patogénicos transmitidos pelo sangue. Infect Control Hospital Epidemiol, 1997, 18:347-363.

93. Wannamakei, L.W. & Mataen, J.W. Streptococci e doenças estreptocócicas: reconhecimento, compreensão e gestão. Nova Iorque e Londres, Academic Press, 1972.

94. Forkner, C.E. Pseudomonas aeruginosa em fezes. Nova York, Grune & Stratton, 1960.

95. Parker, M.T. revista médica britânica, 3: 671 (1969) (pós-gangrena de gás pós-operatória).

96. Brachman, P.S. A Eickhoff, T.C., Ed. Proceedings of the International Conference on No- Socomial Infectious, Center for Disease Control, Atlanta, GA, August 1970. Chicago, American Hospital Association, 1971, pp. 272 -298 (geral).

97. Lowbury, E.JR. et al. Conrrof o/' hospital na facção. Londres, Chapman & Hall, 1975, capítulos 2, 5.

98. Infecções nosocomiais nacionais stud y relatórios trimestrais. Atlanta, GA, Center for Disease Control, US Department of Health, Education, and Welfare (1970 em diante).

99. Conselho Nacional de Pesquisa. Infecção de ferida pós-operatória. Anais de cirurgia, 160, suppl. 2, 1964.

100. Giistrin, B. et al. Acta patologica et microbiolgica Scandinavica, 74: 371 (1968) (meio de transporte).

101. Rubbo, S.D. & Benjamin, M. Revista médica britânica, 1: 983 (1951) (esfregaços de soro). Stuart, R.D. Public Health Reports, lt'ashington, 74: 431 (1959) (meio de transporte).

102. Hedén, C.-G. & Illeni, T. Automação em microbiologia e imunologia. Nova York, Wiley, 1975.

103. Strange, R.E. Detecção rápida de micróbios transportados pelo ar. In : Hers, J.F.P. & Winkles, K.C., ed.

104. Transmissão por via aérea e por via aérea em fection. Utrecht, Oosthoek, 1973, pp. 15 -23.

105. Bourdillon, RR. et al. Estudos no ar h ygiene. London, Her Majesty's Stationery Office, 1948 (Medical Research Council Special Report Series, No. 263) (amostras cortadas).

106. Conselho de Investigação Médica e Departamento de Saúde e Segurança Social. Ventilação em salas de operação. Londres, Escritório de Papelaria de Sua Majestade, 1972 (contagens aéreas em salas de operações).

107. Williams, R.E.O. et at. Hospital in/ection.' causes and pre yen tion, 2nd ed. London, Lloyd- Luke, 1966, capítulo 22, pp. 360-375 (relação entre a contagem e a taxa de ar; medida da taxa de

ventilação).

108. Oxford, Blackwell, 1963, p. 199 (contagem de ar e riscos de septicemia).

109. Kelsey, 1.C. Boletim Mensal do Ministério da Saúde, 25: 180 (1966) (teste em uso).

110. Bridson, E.Y. & Breaker, A. /n: Norris, J.R. & Ribbons, D.W., Ed. Métodos em microbiologia. Londres, Academic Press, 1970, vol. 3A, p. 229.

111. Barber, M. & Kuper, S.WS. Journof oJ'patology and bacteriology, 63: 65 (1951).

112. Finegold, S.M. & Sweeney, E.E. Journal of bacteriofogy, 81: 636 (1961). Holbrook, R. et n1. Journal of applied bacteriology, 32: 187 (1969).

113. Tinne, J.E. et a1. British meJical Journal, 4: 313 (1967).

114. Willis, A.T. Infecções anaeróbias. London, Her Majesty's Stationery Office, 1972 (Public Health Laboratory Service Monograph No. 3).

115. Blair, J.E. & Williams, R.E.O. Bulletin of the lPorld Health Organization, 24: 7 71 (1961).

116. Parker, M.T. In : Norris, J.R. & Ribbons, D.W., ed. Métodos em microbiologia. Londres, Academic Press, 1972, vol. 7B, p. 1.

117. Elek, S.D. & Moryson, C. Journal of medical riiicrobiology, 7: 237 (1974).

118. Baird-Parker, A.C. Art: Cohen, J.O., Ed. 77ie staphylocococi. New York, Wiley-Interscience, 1972, p. 1.

119. Dean, BE. et al. Journal o ñygiene (Cainbridge), 71: 261 (1973). Verhoef, J. et al. Journal o ñygiene (Cainbridge), 71: 261 (1973).

120. Wilson, Gf. & Miles, A.A. Tople y arid I¥ilson's prin ciples o f bacteriology, virology and imniunit)', 6ª ed. London, Arnold, 1975, capítulo 65, pp. 1908 - 1947 (doenças estreptococais).

121. Lancefield, R.C. et a1. Journal o f ex perinieit ial inedicin e, 142:

165 11975).

122. Traub, W.H. & Kleber, I. Zen tralblatt fur Bakteriologie, Parasitenkunde, In fektionskran k- heiten u. Hygiene. I. Abt. Originale, 229A: 372 (1974).

123. Cradock-Watson, J.E. Zentralblatt fñr Bakteriologie, Paracitenkunde, In fektionckran k- heiten u. Hygiene. I. Abt. Originale, 196: 385 (1965).

124. Chouteau, I. et al. 3fédecine et maladies infectieuses, 4: 575 (1974). Pavlatou, M. et al. Annales de I'Institut Pasteur, 108: 402 (1965).

125. Popovici, M. & Chioni, E. Archives roumaines de pathologie expérimentale ct de micro biologie, 21: 307 (1962).

126. Darnell, J.H. & Wahba, Ad-l. Journal oJ clinical patology, 17: 236 (1964).

127. Fisher, M.F. & Kyi, KB. British hospital journal and socinf service review, 79: 1404 (1969) (general).

128. Kelsey, J.C. & Maurer, IN. O uso de desinfetantes químicos em hospitais. London, Her Majesty's Stationery Office, 1972 (Public Health Laboratory Service Monograph No. 2).

129. Conselho de Investigação Médica e Departamento de Saúde e Segurança Social. Ventilação em salas de operação. Londres, Escritório de Papelaria de Sua Majestade, 1972.

130. Departamento de Saúde, Educação e Bem-Estar dos EUA. Técnicas de Isolamento para uso em hospitais. Washington, DC, 1970 (Publicação do Serviço de Saúde Pública No. 20.54).

131. Lowbury, E.J.L. & Aycliffe, GSM. Resistência aos medicamentos. em terapia antimicrobiana. Springfield, Thomas, 1974.

132. Johnson N B, Hayes L D, Brown K, et al. CDC National Health Report: leading causes of morbidity and mortality and associated behavioral risk and protective factors United States, 2005-2013. MMWR Suppl. 2014;63:3-27.

133. Rogues a M, Dumartin C, Amadeo B, et al. Relação entre as taxas

de consumo de antimicrobianos e a incidência de resistência antimicrobiana em Staphylococcus aureus e Pseudomonas aeruginosa isolados a partir de 47 hospitais franceses. Epidemiol do Hospital de Controle de Infecções. 2007;28:1389-95.

134. Lizioli A, Privitera G, Alliata E, et al. Prevalência de infecções nosocomiais na Itália: resultado da pesquisa da Lombardia em 2000. J Infecção hospitalar. 2003;54:141-8.

135. Orrett F A, Brooks P J, Richardson E G. Infecções nosocomiais num hospital regional rural de um país em desenvolvimento: taxas de infecção por local, serviço, custo e práticas de controlo de infecções. Epidemiol do Hospital de Controle de Infecções. 1998;19:136-40.

136. Martin G S, Mannino D M, Eaton S, et al. The epidemiology of sepsis in the United States from 1979 to 2000. N Engl J Med. 2003;348:1546-54.

137. Vincent J L, Bihari D J, Suter P M, et al. A prevalência da infecção nosocomial nas unidades de terapia intensiva na Europa. Resultados do Estudo Europeu de Prevalência de Infecção em Cuidados Intensivos (EPIC). Comitê Consultivo Internacional EPIC. JAMA. 1995;274:639-44.

138. Doyle J S, Buising K L, Thursky K A, et al. Epidemiologia das infecções adquiridas em unidades de terapia intensiva. Semin Respir Critir Care Med. 2011;32:115-38.

139. Ulrich R J, Santhosh K, Mogle J A, et al. A infecção por Clostridium difficile é um factor de risco para a infecção subsequente da corrente sanguínea? Anaerobe. 2017;48:27-33.

140. Kutlesa M, Santini M, Krajinovic V, et al. Infecções da corrente sanguínea nosocomial em pacientes tratados com oxigenação da membrana extracorpórea venosa para a síndrome do desconforto respiratório agudo. Minerva Anestesiol. 2017;83:493-501.

141. Wu M Y, Chang Y S, Huang C C C, et al. The impacts of baseline ventilator parameters on hospital mortality in acute respiratory distress syndrome treated with venovenous extracorporeal

membrane extracorporeal oxygenation: a retrospective cohort study. BMC Pulm Med. 2017;17:181.

142. Kaye K S, Marchaim D, Chen T Y, et al. Effect of nosocomial bloodstream infections on mortality, length of stay, and hospital costs in older adults. J Am Geriatr Soc. 2014;62:306-11.

143. Stevens D L, Bisno a L, Chambers H F, et al. Diretrizes práticas para o diagnóstico e tratamento de infecções de pele e tecidos moles: Atualização de 2014 pela Sociedade de Doenças Infecciosas da América. Clin Infect Dis. 2014;59:e10-52.

144. Ramakrishnan K, Salinas R C, Agudelo Higuita N I. Infecções de pele e tecidos moles. Sou médico de família. 2015;92:474-83.

145. Ki V e Rotstein C. Infecções bacterianas da pele e dos tecidos moles em adultos: Uma revisão da sua epidemiologia, patogénese, diagnóstico, tratamento e local de tratamento. Can J Infect Dis Med Microbiol. 2008;19:173-84.

146. Vinh D C e Embil J M. Infecções dos tecidos moles rapidamente progressivas. Lancet Infect Dis. 2005;5:501-13.

147. Li X, Chen Y, Gao W, et al. Epidemiologia e resultados de infecções de pele e tecidos moles complicadas entre pacientes internados no sul da China, de 2008 a 2013. PLoS Um. 2016;11:e0149960.

148. Corcione S e De Rosa F G. A duração ideal do tratamento para infecções de pele e tecidos moles e infecções bacterianas agudas de pele e estrutura cutânea. Curr Opinião Infect Dis. 2018;31:155-62.

149. Kamath R S, Sudhakar D, Gardner J G, et al. Guidelines vs Actual Management of Skin and Soft Tissue Infections in the Emergency Department. Open Forum Infect Dis. 2018;5:ofx188.

150. Urdiales-Galvez F, Delgado N E, Figueiredo V, et al. Tratamento das Complicações do Preenchimento de Tecido Mole: Recomendações de Consenso dos Especialistas. Cirurgia Plástica Estética. 2018;42:498-510.

151. Aliaga L, Mediavilla J D, Cobo F. Um índice clínico que prevê a mortalidade com bacteremia por Pseudomonas aeruginosa. J Med

Microbiol. 2002;51:615-9.

152. Dantas R C, Ferreira M L, Gontijo-Filho P P, et al. Pseudomonas aeruginosa bacteraemia: factores de risco independentes para mortalidade e impacto da resistência no resultado. J Med Microbiol. 2014;63:1679-87.

153. Itani K M, Merchant S, Lin S J, et al. Resultados e custos de gerenciamento em pacientes hospitalizados por infecções de pele e estruturas cutâneas. Am J Controle de Infecções. 2011;39:42-9.

154. Ronald A. A etiologia da infecção do trato urinário: patógenos tradicionais e emergentes. Am J Med. 2002;113 Suppl 1A:14S-9S.

155. Livrelli V, De Champs C, Di Martino P, et al. Propriedades adesivas e resistência a antibióticos de Klebsiella, Enterobacter e Serratia isolados clínicos envolvidos em infecções nosocomiais. J Clin Microbiol. 1996;34:1963-9.

156. Richards M J J, Edwards J R, Culver D H, et al. Infecções nosocomiais em unidades de terapia intensiva médico-cirúrgica combinada nos Estados Unidos. Epidemiol do Hospital de Controle de Infecções. 2000;21:510 - 5.

157. Guiton P S, Hung C S, Hancock L E, et al. Formação de biofilme enterocócico e virulência num modelo murino optimizado de infecções do tracto urinário associado a corpos estranhos. Imunidade Infectada. 2010;78:4166-75.

158. Hansch G M, Prior B, Brenner-Weiss G, et al. O sinal Pseudomonas quinolone (PQS) estimula a quimiotaxia dos neutrófilos polimorfonucleares. J Appl Biomater Funct Mater. 2014;12:21-6.

159. Schroll C, Barken K B, Krogfelt K A, et al. Papel do tipo 1 e tipo 3 fimbriae na formação do biofilme de Klebsiella pneumoniae. BMC Microbiol. 2010;10:179.

160. Saint S, Kowalski C P, Kaufman S R, et al. Prevenir a infecção do tracto urinário adquirido no hospital nos Estados Unidos: um estudo nacional. Clin Infect Dis. 2008;46:243-50.

161. Saint S, Greene M T, Kowalski C P, et al. Prevenir a infecção do tracto urinário associado a cateteres nos Estados Unidos: um estudo

comparativo nacional. JAMA Intern Med. 2013;173:874-9.

162. Jimenez-Alcaide E, Medina-Polo J, Garcia-Gonzalez L, et al. Infecções do trato urinário associadas aos cuidados de saúde em pacientes com cateter urinário: Factores de risco, características microbiológicas e padrões de resistência aos antibióticos. Arco Esp Urol. 2015;68:541-50.

163. Medina-Polo J, Guerrero-Ramos F, Perez-Cadavid S, et al. Infecções urinárias associadas à comunidade que requerem hospitalização: factores de risco, características microbiológicas e padrões de resistência aos antibióticos. Actas Urol Esp. 2015;39:104- 11.

164. Bader M S, Loeb M, Brooks a A. Uma actualização sobre o tratamento das infecções do tracto urinário na era da resistência antimicrobiana. Med. Pós-Graduação. 2017;129:242-58.

165. Winichakoon P, Chaiwarith R, Liwsrisakun C et al. O swab naso-faríngeo e orofaríngeo negativo não exclui a COVID-19. J Clin Microbiol 2020;58:e00297-20.

166. Han H, Luo Q, Mo F, Long L, Zheng W. SRA-CoV-2 RNA mais facilmente detectado na expectoração induzida do que em esfregaços de garganta de doentes com COVID-19 conva- lescente. Lancet Infect Dis 2020;20:655-6.

167. McMichael TM, Currie DW et al. Epidemiologia do Covid-19 em uma unidade de cuidados de longo prazo no King County, Washington. N Engl J Med 2020;382:2005-11.

168. Meredith LW, Hamilton WL, Warne B et al. Implementação rápida da sequenciação em tempo real do SRA-CoV-2 para investigar as infecções associadas à COVID-19. medRxiv 2020, 2020.05.08.20095687.

169. Arons MM, Hatfield KM, Reddy SC et al. Infecções e transmissão pré-sintomáticas da SRA-CoV-2 numa instalação de enfermagem especializada. N Engl J Med 2020;382:2081-90.

170. Rickman HM, Rampling T, Shaw K et al. Transmissão nosocomial da COVID-19: um estudo retrospectivo de 66 casos adquiridos num

hospital-escola de Londres. Clin Infect Dis 2020.

171. Zou L, Ruan F, Huang M et al. Carga viral da SRA-CoV-2 em amostras respiratórias superiores de doentes infectados. N Engl J Med 2020; 382:1177-9.

172. Ye G, Li Y, Lu M et al. Experiência de diferentes estratégias de amostragem do trato respiratório superior para detecção da COVID-19. J Hospital Infect 2020;105:1-2.

173. Nishiura H, Kobayashi T, Suzuki A et al. Estimativa da relação assimmpto-matica das novas infecções por coronavírus (COVID-19). Int J Infect Dis 2020;94:154-5.

174. Qian G, Yang N, Ma AHY et al. Uma transmissão COVID-19 dentro de um cluster familiar por infectores pré-sintomáticos na China. Clin Infect Dis 2020.

175. Wei WE, Li Z, Chiew CJ et al. Presymptomatic transmission of SARS-CoV-2 - Singapura, 23 de Janeiro a 16 de Março de 2020. MMWR Morb Mortal Wkly Rep 2020;69:411-5.

176. Rivett L, Sridhar S, Sparkes D et al. O rastreio dos profissionais de saúde para a SRA-CoV-2 destaca o papel do transporte assintomático na transmissão da COVID-19. eLife 2020;9:e58728.

177. Blot S, Koulenti D, Dimopoulos G, et al. Prevalência, fatores de risco e mortalidade para pneumonia associada à ventilação mecânica em pacientes de meia-idade, idosos e muito idosos gravemente enfermos. Critérios de Cuidados Médicos. 2014;42:601-9.

178. Zhou F, Li H, Gu L, et al. Factores de risco de infecção nosocomial entre doentes hospitalizados com gripe grave A(H1N1)pdm09. Respir Med. 2018;134:86-91.

179. Terpenning M. Geriatric oral health and pneumonia risk. Dis. Clin Infect Dis. 2005;40:1807-10.

180. Falagas M E, Tansarli G S, Karageorgopoulos D E, et al. Mortes atribuíveis a infecções por Enterobacteriaceae resistentes ao carbapenem. Dis. de Infecções Emergentes. 2014;20:1170-5.

181. Giuffre M, Geraci D M, Bonura C, et al. The Increasing Challenge of Multidrug-Resistant Gram-Negative Bacilli: Results of a 5-Year Active Surveillance Program in a Neonatal Intensive Care Unit. Medicina (Baltimore). 2016;95:e3016.

182. Das B, Sarkar C, Das D, et al. Telavancin: um novo agente lipoglicopéptico semi-sintético para combater o desafio de patógenos Gram-positivos resistentes. Ther Adv Adv. Infect Dis. 2017;4:49-73.

183. Hooper C Y e Smith W J. Telavancin para o tratamento da pneumonia nosocomial causada por Staphylococcus aureus resistente à meticilina (MRSA). Ther Clin Risk Manag. 2012;8:131-7.

184. Morris A e Low D E. Meningite bacteriana nosocomial , incluindo infecções de caça ao sistema nervoso central. Infect Dis Clin North Am. 1999;13:735-50.

185. Durand M L, Calderwood S B, Weber D J, et al. Meningite bacteriana aguda em adultos. Uma revisão de 493 episódios. N Engl J Med. 1993;328:21-8.

186. Zhou M, Wang P, Chen S, et al. Meningite num doente adulto chinês causada por Mycoplasma hominis: uma infecção rara e revisão da literatura. BMC Infect Dis. 2016;16:557.

187. Lee E H, Winter H L, Van Dijl J M, et al. Diagnóstico e terapia antimicrobiana da meningite Mycoplasma hominis em adultos. Int J Med Microbiol. 2012;302:289-92.

188. Whitson W J, Ball P A, Lollis S S, et al. Infecções por micoplasma hominis pós-operatórias após intervenção neurocirúrgica. J Neurocirurgia Pediatra. 2014;14:212-8.

189. Sato M, Kubota N, Katsuyama Y, et al. Relato de caso de uma menina de 6 anos de idade com infecção de Mycoplasma hominis ventriculoperitoneal shunt. J Neurosurg Pediatr. 2017;19:620-4.

190. Mace S E. Meningite bacteriana aguda. Emerg Med Clin North Am. 2008;26:281-317, viii.

191. Nau R, Sorgel F, Eiffert H. Penetração de fármacos através da

barreira hematoencefálica/bacteriana para o tratamento de infecções do sistema nervoso central. Clin Microbiol Rev. 2010;23:858-83.

192. Sullins a K e Abdel-Rahman S M. Farmacocinética de agentes antibacterianos no LCR de crianças e adolescentes. Fármacos Pediátricos. 2013;15:93-117.

Printed by Books on Demand GmbH, Norderstedt / Germany